Grafos:
Introdução e Prática

Blucher

Paulo Oswaldo Boaventura Netto
Samuel Jurkiewicz

Professores da Área de Pesquisa Operacional
Programa de Engenharia de Produção
COPPE/UFRJ

Grafos:
Introdução e Prática

Segunda edição
revista e ampliada

Grafos: Introdução e prática
© 2017   Paulo Oswaldo Boaventura Netto
          Samuel Jurkiewicz
Editora Edgard Blücher Ltda

Desenhos a mão livre: Thiago Lehmann

Blucher

Rua Pedroso Alvarenga, 1245, 4º andar
04531-934 – São Paulo – SP – Brasil
Tel.: 55 11 3078-5366
contato@blucher.com.br
www.blucher.com.br

Segundo o Novo Acordo Ortográfico, conforme 5. ed.
do *Vocabulário Ortográfico da Língua Portuguesa*,
Academia Brasileira de Letras, março de 2009.

É proibida a reprodução total ou parcial por quaisquer
meios sem autorização escrita da editora.

Todos os direitos reservados pela Editora Edgard Blücher Ltda.

Ficha catalográfica estabelecida pelo SDD/CT/UFRJ

Boaventura Netto, Paulo Oswaldo / Jurkiewicz, Samuel
  Grafos: Introdução e prática / Paulo Oswaldo
Boaventura Netto e Samuel Jurkiewicz. – São
Paulo: Blucher, 2017. Segunda edição.

  192 p.. ilust. 21x28 cm
  ISBN 978-85-212-1133-4
  Inclui índices, bibliografia.

  1. Grafos – Teoria. 2. Modelos matemáticos.
3. Algoritmos. 4. Pesquisa Operacional. I. Título.

19.CDD-001.424
9.CDD-511.5

Introdução, prefácio, conteúdo

A água é potável
Daqui você pode beber
Só não se perca ao entrar ...

Arnaldo Antunes, Marisa Monte, Carlinhos Brown
Infinito Particular

Introdução

Esta obra envolve o trabalho de quatro anos de seus autores, em meio a muitos outros compromissos de suas carreiras e muitas discussões sobre a melhor forma de se escrever um livro sobre teoria e aplicações de grafos para ser utilizado em disciplinas de graduação de cursos universitários, cuja trajetória os leve ao uso desse recurso da matemática discreta.

Um exame mais próximo desta primeira frase revela algumas das dificuldades encontradas.

Quais cursos universitários levar em conta, ao se propor o estudo de uma teoria matemática? Por onde começar, de modo a permitir a conexão entre a área de aplicação à qual se dedica um estudante e a teoria dos grafos, ao menos no que se refere aos seus recursos aqui desenvolvidos? Que capítulos da teoria escolher, levando em conta as possibilidades de aplicação dos usuários da obra? Qual a linguagem a ser usada como intermediária para a aridez da formalização matemática? O que propor como referências, exemplos e exercícios?

Ambos os autores têm dedicado boa parte de suas carreiras ao estudo e à divulgação da teoria e das aplicações de grafos, tais como muitos outros pesquisadores ao redor do mundo, desde a publicação do primeiro livro sobre o assunto, há mais de 70 anos. Um ramo da matemática que chegou a ser considerado sem utilidade é, hoje em dia, aplicado a problemas que vão dos transportes à biologia, das telecomunicações à sociologia, das ciências da organização aos jogos recreativos. E o diálogo entre a curiosidade dos teóricos e a demanda de soluções para problemas aplicados tem feito com que o interesse pelo assunto se espalhe e revele, a cada ano, novas possibilidades de uso.

O primeiro autor publica, há alguns anos, edições atualizadas de um livro-texto planejado para uso no nível da pós-graduação e da pesquisa, seja esta acadêmica ou aplicada. Esse livro tem acompanhado a formação de mestres e doutores em todo o Brasil, nas especialidades aplicadas que utilizam grafos.

O segundo autor tem profundo interesse no ensino da matemática discreta em geral e da teoria dos grafos em particular. Com larga experiência no ensino secundário, tem procurado difundir esses campos de conhecimento entre professores e alunos deste segmento, por meio de cursos e oficinas de divulgação em reuniões e congressos por todo o Brasil. Ao longo de sua atuação em cursos de graduação e de formação de professores tem, desde há algum tempo, detectado a demanda reprimida por um texto que ambos os autores esperam que esteja próximo do que aqui é proposto.

As respostas apresentadas para as questões acima levantadas envolveram tomar como objetivo inicial os cursos de engenharia e de administração, sem esquecer, no entanto, que diversos outros – como informática, estatística, biologia, sociologia e psicologia – podem se beneficiar de uma aproximação com a idéia de grafo.

Falar da aplicação de uma teoria matemática sem antes desenvolver a noção de modelo nos pareceu inadequado: em vista disso, o primeiro ponto discutido na obra, objetivado com exemplos de grafos e outros que nada têm a ver com grafos, é o da construção do modelo matemático, trabalho cuja aprendizagem é uma "obra aberta" que tem de receber a contribuição do estudante através do desenvolvimento da sua própria intuição.

Os capítulos escolhidos decorrem da motivação inicial da obra, no que se refere aos cursos-alvo; esta motivação não impediu os autores, no entanto, de oferecer eventualmente exemplos de outras áreas.

A linguagem usada é bastante coloquial, sob o risco de horrorizar os puristas dos livros de matemática. No entanto, quando se precisou formalizar, isso foi feito com todo o rigor necessário. Procurou-se antecipar, ao longo do texto, algumas dúvidas e perguntas que poderiam ser suscitadas pelo material exposto: recurso bastante usado no início, que se dilui ao se aproximar o fim da obra, prevendo-se uma familiarização do leitor com os recursos da teoria.

Procurou-se oferecer com prioridade referências de livros, especialmente livros-texto. A Internet está disponível para pesquisas mais detalhadas, tais como busca de artigos e outros textos: ir adiante disso na obra lhe tiraria o caráter de um livro introdutório. Os exemplos são os mais variados possíveis, assim como os exercícios teóricos e aplicados propostos. Um elenco deles é proposto ao final de cada capítulo, à exceção do primeiro: eles se destinam a permitir a prática e o uso dos conceitos e dos algoritmos discutidos ao longo do capítulo e, eventualmente, foram utilizados para a introdução a algumas noções mais avançadas ou mais especializadas. Por outro lado, os esquemas de grafos apresentam certa variedade na literatura, no que tange a representação dos vértices: encontram-se esquemas com e sem pontos que os representem e, nestes últimos, o encontro de duas linhas de direções diferentes implica na existência de um vértice (veja-se por exemplo o Exercício 12 do Capítulo 9). Os pontos, por outro lado, podem ser substituídos por círculos maiores ou menores. Aproveitamos as figuras do texto para mostrar essa variedade, embora na maioria delas tenhamos utilizado pontos pequenos e cheios para representar vértices.

Para quem trabalha com grafos, o fascínio da teoria e das aplicações leva o pesquisador a ignorar o aviso de Marisa Monte, em sua bela canção: *"Só não se perca ao entrar ...".* Mais do que isso, ele pode levá-lo a não mais querer sair desse particular infinito. Esperamos que ao final o leitor tenha se convencido da utilidade dos conceitos e processos apresentados, mas guardamos o secreto desejo de que o aspecto lúdico do trabalho com grafos também o contamine com o que costumamos chamar de "graphical disease", ou melhor, traduzindo, a febre dos grafos.

O retorno dos usuários deve ser nossa principal fonte de aperfeiçoamento futuro: desde já, agradecemos a eles por esse retorno.

Paulo Boaventura
Samuel Jurkiewicz

Prefácio

Após uma leitura de *Grafos: Introdução e Prática*, entendi que um prefácio poderia ser útil ao estimular o leitor iniciante a não temer iniciar o que poderá ser, para ele, uma deliciosa aventura no país maravilhoso dos grafos.

O livro realmente encanta pela calma e delicadeza com que os autores introduzem os grafos, através de simples modelos de problemas reais da vivência de um aluno iniciando sua graduação. Na sequência, os conceitos básicos aparecem, todos bem vestidos pela intuição que os acompanha, sem perder com isso a precisão necessária para o seguimento de tópicos como caminhos e percursos, árvores, conjuntos notáveis, coloração, fluxos, ciclos e planaridade.

Isto sem falar no largo espaço que este livro certamente ocupará. Uma introdução à Teoria dos Grafos é, hoje em dia, matéria básica em cursos das mais diversas graduações, desde cursos de administração, ciências sociais e economia, até as inúmeras engenharias e as licenciaturas como matemática, física e química. E, diga-se de passagem, a dupla de autores tem vasta experiência para escrever bem e limitar a pretensão do livro ao nível para o qual foi talhado, o que não é uma tarefa nada fácil, pois o país dos grafos é um mundo. Boaventura, um dos pioneiros no estudo e ensino de grafos no Brasil, é professor e pesquisador no Programa de Engenharia de Produção da COPPE/UFRJ e autor de um dos muito poucos livros de grafos em nosso idioma, com não menos de 5 edições. Samuel é professor de graduação e pós-graduação há longo tempo e coordena grupos e oficinas de formação de professores em Matemática Discreta, onde se detém por gosto, experiência e prazer no tema deste livro. Portanto, um livro em português, exatamente com o perfil de *Grafos: Introdução e Prática*, é o que faltava no mercado brasileiro.

Finalmente, para iniciar este livro no mesmo tom dado pelos autores, que utilizaram lindos versos da MPB para desenrolar os grafos, temática e teimosamente, pelos sucessivos capítulos, encerro este texto com mais um segmento de verso e desejo, eternamente cantado na voz da saudosa Elis,

Eu quero uma casa no campo
Do tamanho ideal,
pau-a-pique e sapé,
Onde eu possa plantar meus amigos,
Meus discos e livros.
E nada mais....

Nair Maria Maia de Abreu
Professora Colaboradora e
Pesquisadora do CNPq na COPPE/UFRJ

Introdução, prefácio, conteúdo

Conteúdo

Capítulo 1: Primeiras ideias   1

    1.1 Um rápido histórico   1
    1.2 Um ponto muito importante: o modelo   4
    1.3 Os modelos de grafo   10
    1.4 Matemática discreta, computação e algoritmos   13

Capítulo 2: Conceitos básicos de grafos   17

    2.1 Rotulação e representação de grafos   17
    2.2 Alguns conceitos importantes   21
    2.3 Alguns grafos especiais   26
    2.4 Conexidade   27
    2.5 Conectividade   32
    Exercícios   34

Capítulo 3: Problemas de caminhos   39

    3.1 Problemas de caminho mínimo   39
    3.2 Algorítmos para achar caminhos mínimos   40
    3.3 Uma aplicação a problemas de localização   51
    3.4 Problemas de caminho máximo   53
    Exercícios   60

Capítulo 4: Problemas de interligação   65

    4.1 Árvores e arborescências   65
    4.2 Árvores e interligação   71
    4.3 O problema da árvore parcial de custo mínimo   73
    4.4 Algoritmos gulosos   77
    4.5 A questão da complexidade   78
    4.6 Outros problemas de interligação   80
    Exercícios   82

Capítulo 5: Subconjuntos especiais   87

    5.1 Subconjuntos independentes   87
    5.2 Expressão de problemas de subconjuntos de grafos
        por programação linear inteira   89
    5.3 Conjuntos dominantes   90
    5.4 Acoplamentos   93
    5.5 Acoplamentos em grafos bipartidos   94
    5.6 O problema de alocação linear – o algorítmo húngaro   95
    5,7 O problema do transporte   99
    5.8 Transporte com baldeação   101
    Exercícios   104

Capítulo 6: Problemas de coloração — **107**

6.1 Coloração de vértices — 107
6.2 Coloração de arestas — 112
Exercícios — 115

Capítulo 7: Fluxos em grafos — **119**

7.1 Introdução — 119
7.2 Um exemplo simples — 120
7.3 De quais fluxos estaremos falando? — 120
7.4 Um pouco de formalização — 122
7.5 O problema do fluxo máximo como um PLI — 125
7.6 O problema do fluxo máximo — 125
7.7 O teorema de Ford e Fulkerson — 126
7.8 Grafo de aumento de fluxo, ou grafo de folgas — 127
7.9 Fluxos com custo — 133
7.10 Problemas práticos associados ao problema de fluxo com custo — 136
Exercícios — 138

Capítulo 8: Ciclos e aplicações — **143**

8.1 Problemas eulerianos em grafos não orientados — 143
8.2 O problema do carteiro chinês — 145
8.3 Problemas eulerianos em grafos orientados — 146
8.4 Exemplos completos — 149
8.5 Problemas hamiltonianos — 151
8.6 O problema do caixeiro-viajante — 156
Exercícios — 161

Capítulo 9: Grafos planares — **163**

9.1 Definições e resultados simples — 163
9.2 Teorema de Kuratowski — 166
9.3 Dualidade — 167
9.4 O problema das 4 cores — 168
Exercícios — 170

Referências — **173**

Índice remissivo — **175**

Grafos: introdução e prática

> ***Agora falando sério***
> ***Preferia não falar***
> ***Nada que distraísse***
> ***O sono difícil ...***
> *Chico Buarque*
> *Agora falando sério*

Capítulo 1 : Primeiras ideias

1.1 Um rápido histórico

Cerca de 270 anos se passaram desde que a ideia de grafo apareceu associada a diversos problemas, suscitados por situações ou aplicações variadas em diversos campos. Uma apresentação histórica resumida pode, então, mostrar como se pode chegar a construir um modelo de grafo : muitos dos exemplos que se seguem são bastante simples e ajudam a quem se inicia no uso dos recursos da teoria.

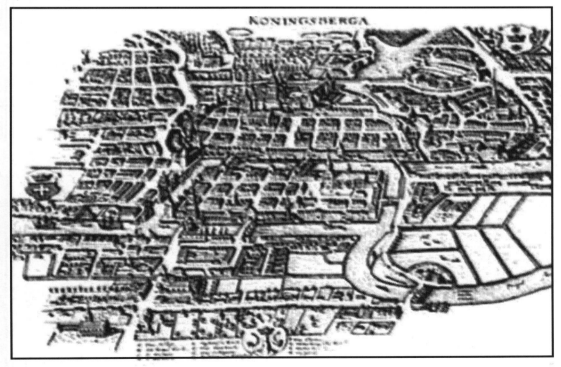

Fonte: http://www-gap.dcs.st-and.ac.uk/~history/HistTopics/Topology_in_mathematics.html .

1.1.1 O problema de Euler

O primeiro registro conhecido de um problema relacionado com o que hoje em dia se chama a *teoria dos grafos*, remonta a 1736. Nesse ano Euler, grande matemático e geômetra, visitou a cidade de Königsberg, na então Prússia Oriental (atualmente ela se chama Kaliningrad e fica em uma pequena porção da Rússia, entre a Polônia e a Lituânia). A cidade, na época, era o local de moradia de diversos intelectuais conhecidos e se pode imaginar que Euler tenha se sentido atraído pelo ambiente, que deveria ser movimentado pelo fato de Königsberg pertencer à poderosa Liga Hanseática de comércio marítimo.

O fato é que ele, ao lá chegar, tomou conhecimento de um problema que estava sendo discutido entre a *intelligentsia* da cidade e que, embora parecesse simples, não tinha sido ainda resolvido. No Pregel, rio que corta a cidade, havia duas ilhas que, na época, eram ligadas entre si por uma ponte. As duas ilhas se ligavam ainda às margens por mais seis pontes ao todo, como aparece no desenho da época. O problema consistia em encontrar o percurso para um passeio que partisse de uma das margens e, atravessando uma única vez cada uma das sete pontes, retornasse à margem de partida.

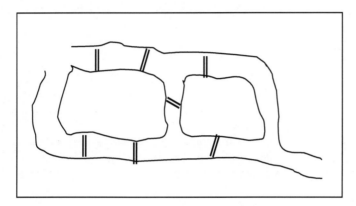

Euler observou que o número de passagens de uma margem para uma ilha, ou entre duas ilhas, era sempre ímpar (veja no esquema ao lado, onde cada ponte é representada por uma linha e cada margem, ou ilha, por um ponto) : isso indica que se pode passar, mas em algum momento não se conseguirá retornar. Ele provou que, para que o passeio desejado pelos intelectuais de Königsberg fosse possível, cada massa de terra deveria se ligar à outra por um número *par* de pontes.

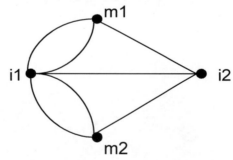

Este esquema é uma representação gráfica do que, hoje em dia, se chama um *modelo de grafo*.

Suponha que a ponte entre as duas ilhas não existisse: no esquema, a linha (*i1,i2*). Em compensação, imagine que houvesse uma ponte diretamente de uma margem para a outra, ou seja (*m1,m2*).

Observe que tudo o que mostramos corresponde ao velho problema que aparece de vez em quando em jornais, revistas de charadas etc., que é o de achar como percorrer todas as linhas de uma dada figura, sem tirar o lápis do papel.

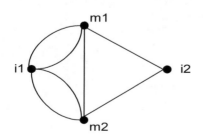

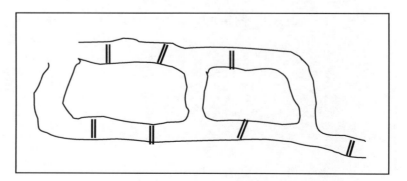

Exercício: Verifique, neste caso, se existe algum passeio que atravesse cada ponte uma única vez e volte ao ponto de partida.

Grafos: introdução e prática

Euler foi o pesquisador mais produtivo que jamais existiu (com mais de 70 espessos volumes de trabalhos!). O problema das pontes não passou, para ele, de um pequeno desafio intelectual, sem muita importância : não o estudou mais a fundo, nem procurou desenvolvê-lo, achar aplicações para ele, ver aonde poderia levar.

Para a teoria dos grafos, isso não foi bom : a solução do problema das pontes se perdeu no meio da sua enorme produção e, por mais de 100 anos, ninguém pensou em algo parecido.

> **Aqui temos, de fato, um intervalo de 111 anos. Felizmente o trabalho de Euler foi encontrado mais tarde!**

1.1.2 O problema de Kirchhoff

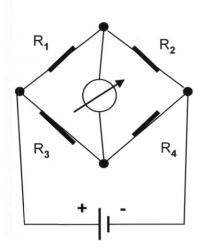

Apenas em 1847, Kirchhoff publicou resultados sobre circuitos elétricos, nos quais utilizava modelos de grafos : essa pesquisa produziu alguns resultados ainda hoje importantes para a teoria, além do interesse para o estudo da eletricidade.

Para dar uma idéia dos problemas que aparecem, mostramos ao lado o esquema de um circuito elétrico conhecido como *ponte de Wheatstone*, usado para medir resistência elétrica : no aparelho que o contém, as resistências R_1, R_2 e R_3 podem ser modificadas à vontade e a resistência R_4 é a que vai ser medida.

O círculo com a seta é um instrumento de medida (galvanômetro) e na parte de baixo do esquema há um símbolo que representa uma fonte de energia. Todo técnico de televisão, por exemplo, possui um medidor desse tipo.

Um modelo de grafo pode ser construído para representar este circuito e as propriedades dele podem ser estudadas, inclusive com recursos teóricos desenvolvidos pelo próprio Kirchhoff.

1.1.3 O problema de Cayley

Em 1857, Cayley se interessou pela enumeração dos *isômeros* dos hidrocarbonetos alifáticos, que são compostos de carbono e hidrogênio com cadeias abertas. Para recordar um pouco de química, diremos que dois compostos diferentes são *isômeros* quando possuem a mesma composição percentual (e, portanto, a mesma *fórmula condensada*).

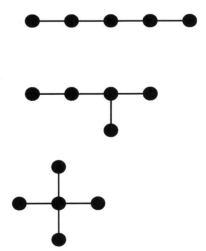

Por exemplo, os esquemas ao lado correspondem aos três isômeros do *pentano* (C_5H_{12}), representados apenas pelas ligações entre seus átomos de carbono, sabendo-se que o carbono tem valência 4 (ou seja, um átomo de carbono pode se ligar a um máximo de 4 outros átomos).

Verifique que em cada esquema há 12 posições vazias que irão receber os átomos de hidrogênio.

Cayley desenvolveu uma técnica para determinar o número de diferentes isômeros desses hidrocarbonetos: por exemplo, para o *tridecano* $C_{13}H_{28}$, ele é de 802.

1.1.4 O problema de Guthrie

Por essa época, um estudante inglês de matemática – Guthrie – descobriu, por meio de um irmão que trabalhava com mapas, um problema relacionado com a prática da cartografia. O irmão lhe disse que todo cartógrafo, ao desenhar seus mapas, sabia que não precisaria de mais de quatro diferentes cores para colorir as regiões neles representadas. Isso era conhecimento prático desses profissionais, e parava por aí.

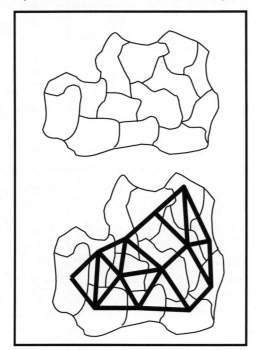

Guthrie resolveu dar atenção ao problema, de um ponto de vista matemático.

Para coneguir isso, ele tomou um mapa, associou pontos às suas regiões e, sempre que dois pontos correspondiam a regiões fronteiriças, ele os unia com uma linha.

O problema de provar que, para qualquer mapa, é necessário usar no máximo 4 cores, parece simples, mas é muito difícil : nem Guthrie, nem seus contemporâneos conseguiram resolvê-lo. Formulado no meio do século XIX, foi somente em 1976 que se conseguiu um resultado significativo e, ainda assim, com uso extensivo de computadores.

Para que serviu todo esse trabalho? Para a própria teoria, que se desenvolveu muito e abriu caminho para muitas aplicações.

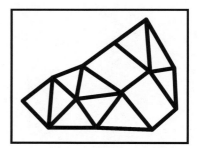

Ao longo do século XX, cresceu o interesse de muitos matemáticos pelo estudo dos grafos, em geral trazido pelo estudo de problemas como estes que descrevemos e, com isso, foi sendo desenvolvido um corpo teórico que permite, atualmente, a abordagem de muitos problemas novos. Centenas de artigos são publicados anualmente e novos livros estão sempre sendo editados em todo o mundo.

A partir da década de 1950, a **pesquisa operacional** – disciplina matemática envolvida com problemas de organização – começou a utilizar intensamente os modelos de grafo, em busca de melhores soluções para problemas de projeto, organização e distribuição. Estas aplicações, viabilizadas pela invenção do computador, promoveram uma grande divulgação desse tipo de modelagem e abriram caminho para a aplicação de muitos dos conceitos desenvolvidos nesse período.

A teoria dos grafos é, hoje, um campo de interesse crescente, cujas aplicações vão desde os problemas de localização e de traçado de rotas para diversos tipos de serviços, ao projeto de processadores eletrônicos, passando pelo planejamento de horários, pelo estudo da estrutura do DNA e pelo projeto de códigos, além dos problemas comparativamente mais simples como o da interligação elétrica e o da engenharia molecular, projeto de novos compostos químicos : extensões dos trabalhos de Kirchhoff e Cayley, apresentados anteriormente.

Finalmente, os modelos de grafo tem sido essenciais no campo cada vez mais presente da gestão de recursos, planejamento de transportes e otimização de recursos humanos.

1.2 Um ponto muito importante: o modelo

Quando procuramos estudar um problema – de *qualquer* natureza – utilizando os conhecimentos de que dispomos, encontramos sempre uma dificuldade inicial, que não pode ser evitada:

O mundo em que vivemos é complicado demais!

Grafos: introdução e prática

Então vamos procurar simplificar.

Imagine que um amigo tenha convidado você para um churrasco de aniversário num sítio distante.

Junto com o convite veio um mapa:

O mapa não é nada preciso, mas todo mundo compareceu ao churrasco: o esquema cumpriu o seu papel.

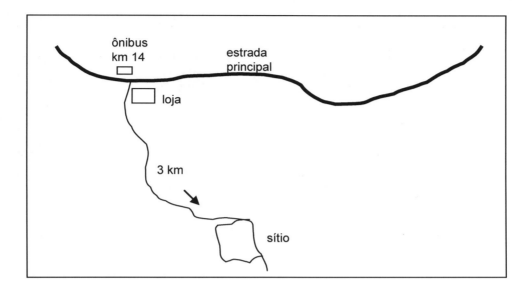

Se você fosse um taxista e o seu cliente lhe desse um endereço que você não conhecesse, você precisaria de um guia de ruas, em que as ruas aparecessem de maneira mais precisa, inclusive com a mão e a contramão.

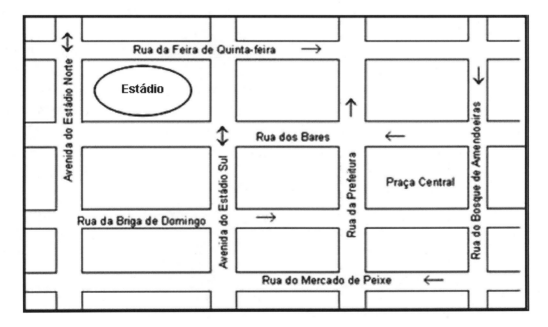

Agora, pense em um carpinteiro que vai colocar uma prateleira em uma estante. Ele terá de cortar a madeira de modo que a prateleira caiba no espaço a ela destinado: se ela for grande demais não entra, se for pequena demais vai ficar folgada e não poderá ser afixada às paredes da estante. Então o ideal é que a prateleira seja cortada de acordo com a largura da estante.

Mas qual é a largura da estante? Podemos medi-la "a olho" e dizer ao carpinteiro que é, por exemplo, de "uns 80 centímetros". Ele vai torcer o nariz, é claro.

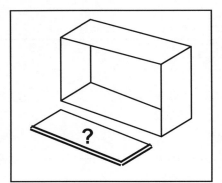

Podemos colocar a estante sobre uma mesa especial, com calibradores óticos de precisão ou coisa semelhante, para dizer ao final que a largura é de 77,648 centímetros. Isto quer dizer que teremos de levar a estante, por exemplo, a um laboratório especializado como os do Instituto Nacional de Metrologia.

Nada de sugerir isso ao carpinteiro, ele vai achar que fugimos do hospício. Ele vai, simplesmente, tirar da sua maleta uma trena de carpinteiro (aquela que vai se desdobrando em pedaços) e tomar a medida de que precisa: por exemplo, 77,6 centímetros. E vai dar certo, a prateleira vai se encaixar direitinho.

Agora, vamos pensar um pouco: o que ele fez?

Ele usou um instrumento de medida de comprimento – a **trena** – que tem graduações em centímetros e em milímetros: a trena nos permite, portanto, obter uma útil simplificação da realidade que é a medida "real" da largura da estante.

Esta "largura real" não nos interessa, na verdade, e nem há como conhecê-la. Apenas, se no lugar da estante tivéssemos uma montagem mecânica – como um motor de automóvel, por exemplo – a medida talvez tivesse de ser tomada com mais precisão, por exemplo até o centésimo de milímetro. A mesma diferença de precisão existe, por exemplo, ao se medir meio litro de leite na cozinha, ou um mililitro de um medicamento injetável.

O problema, no entanto, continuaria a ser o mesmo: estaríamos trabalhando com uma **simplificação da realidade**.

A uma simplificação da realidade, construída <u>com um objetivo</u>, chamamos <u>modelo</u>.

Em grande parte das nossas atividades, estaremos lidando com modelos, sem nos darmos conta disso. Por outro lado, praticamente todas as ciências trabalham com modelos. Um **instrumento de medida por comparação** – como a trena – cria um modelo da grandeza que ele mede (no nosso exemplo, o comprimento da prateleira).

Um **mapa rodoviário**, como o que vemos abaixo, é um modelo de uma região sobre a qual algum tipo de conhecimento nos interessa: podemos usá-lo, por exemplo, ao programar uma viagem de fim de semana. Ele é, naturalmente, uma simplificação da realidade que é a região verdadeira.

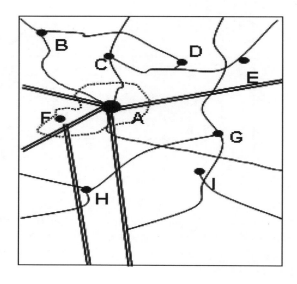

Ele mostra diversas cidades, das quais A é a maior, sua área urbana abrangendo a vizinha F. Há diversas rodovias e se pode ver quais são as mais importantes.

Vamos imaginar que ele faça parte de um guia turístico.

Ele conterá as distâncias entre as interseções das estradas, o que vai nos permitir calcular as distâncias que iremos percorrer para ir a um dado local, diretamente ou passando antes em tal e tal lugar.

Grafos: introdução e prática   7

Teremos dados sobre as cidades a visitar, preços de hotéis, informações sobre compras, espetáculos, locais pitorescos etc., que nos permitirão avaliar *quanto* iremos desembolsar em cada cidade. E vamos construir o nosso modelo de viagem com tudo isso.

Até agora, tratamos de modelos que procuravam reproduzir relações espaciais – esquemas, plantas, mapas.

Os modelos podem também representar outros tipos de relação. Vamos para um exemplo que vai nos aproximar do nosso objetivo principal:

Uma professora primária pode construir um *modelo do relacionamento* entre seus alunos, apenas pedindo a cada um que indique os colegas dos quais mais gosta. Depois, ela irá escrever os nomes dos alunos em um papel e colocar setas de um para outro, indicando quem gosta de quem. Este modelo se chama *sociograma*.

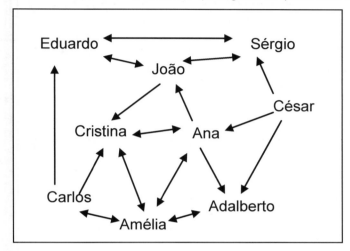

Ele permite descobrir, por exemplo, um aluno deslocado na turma (César) e dois grupos unidos, um de meninos e outro de meninas. Além disso, o modelo mostra que Ana e Amélia são mais sociáveis, elas gostam de dois meninos (e Amélia tem, também, o afeto deles); já Cristina só se relaciona dentro do grupo das meninas ... etc..

Então poderemos ter modelos que não envolvam valores numéricos (como o sociograma) ou, ao contrário, que nos permitam trabalhar com eles (como quando usamos o guia turístico com mapa).

Estes dois exemplos trataram de modelos que possuem um certo tipo de *organização*, que pode ser indicado por pontos (cidades, ou alunos da professora) e por ligações (estradas, ou ligações afetivas); o primeiro envolvia muitos valores numéricos, enquanto neste último, tudo o que nos interessou foi:

- Quais eram os elementos envolvidos;
- Quais elementos estavam ligados e quais não estavam.

> **Voltaremos a este tipo de modelo, que é um *modelo básico de grafo*.**

Antes de prosseguir, vamos insistir naquilo que estivemos discutindo. Agora, uma definição mais completa:

> *Um modelo é uma simplificação de uma realidade com a qual **nos interessa** trabalhar, construída de modo a conter aquilo que mais **nos interessa** e de forma que nos permita **obter as respostas** de que necessitamos.*

Ele pode *vir pronto*, como o guia de ruas, o mapa rodoviário ou a trena, *ou teremos de construí-lo*, como fez o amigo que convidou você ao sítio dele, ou a professora com seu sociograma.

Há muitas coisas que podemos querer saber a respeito de um modelo, tanto sobre a construção como sobre seu uso:

- Ele **contém as informações** que nos interessam? (No caso do sociograma, podemos imaginar que a professora vai colocar nele os dados sobre o relacionamento dos alunos na turma, que interessam a ela – mas não, provavelmente, coisas como a altura e o peso dos alunos).

- Contendo tudo que nos interessa, **será que ele fica muito complicado?** (No caso do guia turístico com mapa, é claro que, se levarmos em conta dados em demasia, vamos acabar nos confundindo).
- O modelo é **feito, ou usado, por nós**, para servir a **nossos interesses**: será que, ao usá-lo, iremos prejudicar alguém? (**Questão ética!**)
- É possível *resolver* o modelo?

    ⇒ Aqui temos uma nova dúvida: o que é <u>resolver um modelo</u>?

> **Resolver um modelo é obter respostas para o problema a ele associado.**

Pelo que já vimos, a *trena* nos informa imediatamente a *largura da estante*, com a precisão de que necessitamos.

O *sociograma* deixa claras as *relações afetivas* entre os alunos da turma.

Já o *modelo de viagem* começa a ficar mais complicado e exige cuidado, ou ele se tornará de pouca utilidade por ser difícil de resolver. E nele encontramos uma questão importante, que é a de *precisarmos ter clareza sobre o que estamos querendo!*

Por outro lado, se o marido gostar de praia e a mulher dele de montanha, a construção do modelo exigirá uma **negociação**, ou o modelo dele irá acabar atropelando os desejos dela (ou vice-versa). **Observe como este ponto se aproxima das questões éticas!**

A resolução de um modelo passa por todas estas questões.

Falta-nos apenas colocar (no ar) duas dúvidas importantes, a serem esclarecidas mais adiante:

- *Um dado modelo tem solução?*
- *Mesmo tendo solução, <u>será que conseguiremos achá-la</u>?*

Vamos pensar no problema de um casal que deseja comprar móveis para seu quarto. Eles, com todos os cuidados que conseguiram imaginar, fizeram uma planta assim:

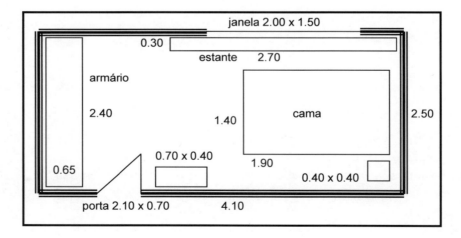

Na hora de escolher os móveis, acharam um guarda-roupa antigo que se encaixava perfeitamente no estilo do restante da mobília, fizeram todos os cálculos, acertaram um esquema de pagamento e – na mesma hora – compraram tudo.

Eles só se esqueceram de verificar se o guarda-roupa era desmontável ... afinal, hoje em dia, todos o são!!! Mas aquela beleza de antiguidade tinha 2.20 metros de altura e ... não passava na porta!

Grafos: introdução e prática

Resultado: grande despesa adicional, para desmontar e montar de novo um armário que não tinha sido feito para isso.

O modelo deles *não tinha solução* (ou, pelo menos, uma solução dentro dos *parâmetros de custo* por eles estabelecidos).

Já um modelo que certamente tem uma solução, é o das loterias (claro, o número sorteado *vai ser* um daqueles) – mas qual é essa solução?

Se fizermos um negócio, podemos ganhar dinheiro ou não: há muitos fatores que influem nisso, inclusive a sorte. O mundo não é exato, há muitas incertezas e todos sabemos disso.

Uma loteria é um modelo dessas incertezas, que tem ao menos a certeza de ter uma solução (embora ninguém saiba qual vai ser) mas, como temos ao menos esta certeza, jogamos nela. Pode ser uma rifa baratinha de quermesse, que custa 1 real e tem 30 números – ou pode ser a mega-sena, que tem um total de $C_{60,6}$ = 50.063.860 combinações possíveis e que pode custar muito caro, se quisermos ter uma chance apenas razoável de acertar alguma coisa.

Aliás, este enorme número nos aponta uma dificuldade muito comum em alguns dos problemas que encontraremos.

Imagine, por exemplo, que os alunos daquela turma do sociograma adorem uma fofoquinha. Para simplificar, suponhamos que, em um fim de semana, a Amélia ouviu dizer que ... (esta é imperdível!). Ela nem vai pensar se gosta ou não de alguém na turma, vai logo telefonar para algum colega para contar tudo. E, é claro, esta atitude vai se repetir, porque cada um que ouvir a notícia vai tratar de passá-la adiante.

Por exemplo, a Amélia pode contar ao Sérgio, que depois vai contar ao Adalberto, que fala com o César, que ... e depois de algum tempo, todos estarão sabendo.

Nossa pergunta é a seguinte: de quantas maneiras diferentes a fofoca da Amélia pode se propagar na turma, cada aluno falando com apenas um colega e sem contar as repetições do tipo: "já sei, o Fulano (ou a Fulana) me contou"?

Há apenas 9 alunos na turma.

Você imaginaria que há 40.320 maneiras diferentes disso acontecer?

Um exemplo de maior impacto, ainda, é o da lenda do jogo de xadrez, segundo a qual o seu inventor cobrou do rei da Pérsia, por sua invenção, um grão de trigo pela primeira casa do tabuleiro, dois pela segunda, quatro pela terceira ... e a conta total chegou a 18.446.744.073.709.551.615 grãos, muito mais do que todas as colheitas do país no século seguinte. O rei, é claro, não pagou.

Podemos também estar interessados em resultados **qualitativos**. Será que os alunos só vão falar com os colegas de quem gostam? E aí, contando para Amélia toda turma vai saber a fofoca, ou apenas a panelinha dela? Isso depende da estrutura do sociograma. (Volte ao sociograma e verifique que César não estará nunca por dentro de nenhuma fofoca ...).

10   *Capítulo 1 : Primeiras ideias*

> *Este tipo de problema, como os problemas de grafos que iremos discutir, pertence à classe dos **problemas combinatórios**. Alguns deles podem ser resolvidos sem maior dificuldade – porém outros admitem um número tão grande de possibilidades que, mesmo que o exame de cada uma delas seja simples e rápido, não chegaremos necessariamente à melhor delas (por exemplo, à mais barata, um interesse comum em problemas aplicados).*

Mesmo se dispuséssemos do mais rápido dos computadores, uma busca como essa poderia levar *meses* ou *anos*, em alguns problemas. Basta imaginar que o nosso modelo tenha tantas possibilidades de solução quantos grãos de trigo o inventor do xadrez pediu ao rei e que cada uma delas exija um milionésimo de segundo (10^{-6} segundo) para ser examinada. Parece incrível, mas o exame de todas elas levaria quase 600.000 anos ...

Em uma situação parecida com essa, teremos de procurar, dentro do modelo que construirmos, uma solução satisfatória que *não seja* muito demorada *de achar*. Mais adiante, voltaremos a esta discussão.

1.3 Os modelos de grafo

Vamos voltar um pouco, no tempo e no texto deste livro.

> *O **problema das pontes de Königsberg**, resolvido por Euler, foi representado aqui por um desenho com 4 pontos, correspondentes às margens e ilhas, e 7 linhas representando as pontes.*
>
> *Os **circuitos elétricos** foram representados por Kirchhoff associando uma linha a cada componente e um ponto a cada local onde dois ou mais componentes são conectados.*
>
> *As **fórmulas químicas** dos hidrocarbonetos foram representadas por Cayley, associando pontos aos átomos de carbono e linhas às ligações entre eles.*
>
> *E a professora primária construiu seu **sociograma** associando pontos aos seus alunos e colocando setas para indicar quem gostava de quem.*

Todos esses esquemas são **modelos** – representações simplificadas de realidades – que podem ser resolvidos para obtenção de resultados de interesse dos seus construtores.

O estudo do problema das pontes **serviu a Euler** para mostrar que o passeio desejado pelos habitantes da cidade não podia ser realizado do modo como eles queriam.

Kirchhoff **desenvolveu uma teoria** para calcular as propriedades dos circuitos elétricos a partir de esquemas do tipo que exemplificamos.

Cayley usou seus esquemas de hidrocarbonetos para **contar o número** de isômeros.

A professora usou seu sociograma para **estudar situações de relacionamento** dentro de sua turma de alunos.

Olhando tudo de novo, é claro que existe *algo* de muito semelhante entre esses esquemas.

Neste momento é que a matemática entra em ação.

E é na hora de ***usar matemática*** que, frequentemente, aparece uma visão preconceituosa. Imagine um diálogo entre dois alunos:

Grafos: introdução e prática

> A: – Lá vão eles começar a teorizar ...
> B: – Até aqui eu estava entendendo,
> mas já viu que agora vai ficar teórico...
> A: ... para que serve essa teoria toda?

A matemática é uma ciência? Uma linguagem? (Não vamos entrar nessa discussão). Diremos que ela é uma **disciplina teórica**.

Para que vai nos servir a matemática?

Ela nos permite **fazer sem gastar** (ou seja, no papel ou no computador). É claro que vai haver um esforço, principalmente mental, gasto na obtenção da solução de um problema – além do gasto de energia do computador que, convenhamos, hoje em dia é mínimo. A ciência experimental é diferente: uma experiência (sobretudo de física) pode exigir, além desse esforço, uma aparelhagem muitas vezes dispendiosa.

Pense no LHC, um caríssimo acelerador de partículas dentro de um túnel circular de 27 quilômetros! (No entanto, custou "apenas" o preço de um único grande porta-aviões!)

A matemática também vai nos permitir **abstrair**. Ou seja, com ela poderemos estudar uma situação do mundo real, a partir de um modelo, sem que tenhamos que nos preocupar com a sua origem: de onde aquilo veio não interessa, enquanto a matemática estiver sendo usada.

Se as informações estão **completas e corretas** ou não, é problema da **construção do modelo** (ou **modelagem**).

Quais as vantagens da abstração?

Por um lado, esta **despreocupação com a origem** do problema: para os exemplos acima, iremos descrever **uma única teoria** capaz de lidar com todos os problemas (Aí está a vantagem das teorias!)

Além disso, toda operação tem uma operação **inversa**, isto é, nossas ações podem ser "desfeitas" sem custo.

Como lidar com isso, no que aqui nos interessa?

Vamos definir formalmente algo do que já falamos, chamado **grafo**.

Todos sabem o que é um *conjunto*: uma coleção de objetos bem definidos e distintos um do outro.

> Um *grafo* é um *objeto matemático* (ou uma *estrutura matemática*) formado por **dois conjuntos**.
>
> O primeiro deles, **que chamaremos de V**, é o conjunto de *vértices*.
>
> O outro é um conjunto de *relações entre vértices*. Diremos que ele é o conjunto de **arestas** e o **representaremos por E**.
>
> Se dois vértices *v* e *w* de V estiverem relacionados, diremos que entre eles existe uma *aresta* pertencente a E, que chamaremos (v,w) ou simplesmente *vw*. O nome "aresta", você já conhece: faz parte da Geometria, ao se tratar de polígonos e de poliedros.

Resumindo: para se conhecer um grafo precisamos saber *o que* são os vértices e "*qual está ligado com qual*".

Isto apela, naturalmente, para uma visão *gráfica* da estrutura, que pode ser aproveitada na sua representação por esquemas.

No entanto, é preciso ter cuidado com esses esquemas: eles podem enganar nosso raciocínio, se não prestarmos atenção ao que estivermos fazendo.

Então poderemos denominar um dado grafo como G = (V,E). É claro que podemos usar outras letras, com ou sem índices, dependendo de nossas necessidades (por exemplo, se tivermos 3 grafos poderemos chamá-los G_1, G_2 e G_3, ou então G, H e I).

Podemos criar um esquema gráfico, associando cada vértice a um ponto e cada relação a uma linha Observe os esquemas apresentados no ítem 1.1.

Agora, podemos dizer que esses esquemas **representam** grafos. **Representam**, porque se trata de uma idéia abstrata.

> *No problema das pontes*, cada massa de terra (margem ou ilha) é um **vértice** e cada ponte é uma **aresta**.
>
> *No problema dos circuitos elétricos*, cada ponto de conexão é um **vértice** e cada componente é uma **aresta**.
>
> *No problema das fórmulas químicas*, cada átomo é um **vértice** e cada ligação entre dois átomos é uma **aresta**.

No problema do relacionamento dos alunos, cada aluno é um vértice e cada ... (Um momento! Aqui há algo de diferente!).

De fato, se associarmos uma aresta à relação "a gosta de b", **não estaremos descrevendo corretamente** o que ocorre. No modelo (veja a figura abaixo), essa relação "gostar de" é representada por uma seta: isto porque "a gosta de b" **não é** o mesmo que "b gosta de a". Veja esta situação: Jorge é casado com Maria; Jorge e Maria se gostam (um gosta do outro). Jorge gosta de Flávia, sua mãe: e Maria, será que gosta da sogra? Frequentemente isso não acontece ...

Dizemos que a relação "gostar de" *não é simétrica*. A relação "ser irmão de", por exemplo, é simétrica: se "a é irmão de b", é claro que "b é irmão de a".

Então a estrutura a ser usada **não é exatamente** a mesma dos outros casos: vamos definir algo chamado *grafo orientado*, onde a relação que nos interessa será indicada por uma seta, que vai mostrar em que sentido ela se aplica. Um elemento desse conjunto de relações se chama um **arco**. Na figura, aparecem algumas setas duplas: elas correspondem a <u>dois arcos opostos</u>.

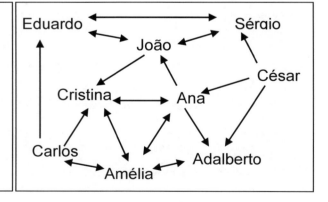

No problema de relacionamento dos alunos, portanto, cada aluno corresponderá a um vértice e cada relação "gostar de" a um arco. Para indicar a diferença, chamaremos o outro tipo de estrutura (que usa arestas) de *grafo não orientado*.

Aqui é importante voltar e olhar para o grafo que representa o problema de Euler, no início do capítulo. Podemos observar que existem pares de vértices unidos por 2 arestas, correspondentes às massas de terra unidas por 2 pontes.

Grafos: introdução e prática

Um grafo assim construído é um *2-grafo*. Mais geralmente, se existirem *p* arestas entre dois vértices quaisquer, o grafo é dito ser um *p-grafo*. Um grafo com no máximo uma ligação entre dois vértices é, então, um *1-grafo* (mas deixaremos de lado essa denominação).

Podemos ter um *p-grafo orientado*, se existir algum par de vértices unido por *p* arcos de mesmo sentido.

Ao falar da representação de grafos, voltaremos a lidar com este conceito.

Observação: Mais adiante, olharemos para um esquema de grafo e diremos:

> **"Este grafo ...".**
> **Sabemos, porém, que isso é um abuso de linguagem.**
> **Devemos ter em mente que *grafo* é algo abstrato.**

Ao longo dos capítulos que se seguem, estaremos discutindo algumas propriedades das estruturas de grafo e aplicando-as na solução de modelos. Com isso, teremos a ocasião de observar:

-   a *potencialidade de uso* da teoria dos grafos;

-   *o que devemos procurar em um grafo*, para resolver o nosso modelo, e assim poder selecionar uma *técnica de resolução* para lidar com ele.

Para isso, apresentaremos problemas e técnicas de resolução: e também algo da teoria, quando isso for necessário, ou esclarecer melhor a quem buscar um aprofundamento. Para quem precisar de mais ainda, teremos as *referências*.

‖ *Ao longo do texto, o **material teórico (teoremas, resultados, algoritmos etc.)** terá uma apresentação semelhante à deste parágrafo (com uma barra dupla à esquerda).*

1.4 Matemática Discreta, Computação e Algoritmos

1.4.1 Uma discussão preliminar

Quando vamos retirar dinheiro de um caixa eletrônico de um banco, temos que cumprir um certo "ritual". Primeiramente colocamos o nosso cartão na máquina; ela então "responde" mostrando uma lista de possibilidades. Apontamos "saque" e ela pede nossa senha. Depois que a fornecemos, a máquina confere e pergunta quanto queremos. Se o pedido estiver dentro de certos limites e se houver numerário na máquina, ela libera a quantia pedida. Este "ritual" é um procedimento muito rígido – qualquer erro faz com que a máquina se recuse a fornecer nosso dinheiro.

Bem, as máquinas não pensam e não há ninguém dentro delas. Estamos então "conversando" com um computador, ou melhor com o programa que controla a máquina. Este programa é escrito por uma pessoa (ou várias) e o procedimento que temos de executar frente à máquina é o que chamamos de um *algoritmo*.

Uma característica importante da nossa sociedade é a **quantidade de atividades** que dependem de tais procedimentos, isto é, de algoritmos. Nem sempre estaremos "conversando" com uma máquina: ao programar a vistoria de um automóvel temos que cumprir rigidamente várias etapas, numa seqüência precisa, sob o risco de perdermos muito tempo ("... desculpe, senhor, mas está faltando tal ou qual papel ...").

Algoritmos, procedimentos, sempre fizeram parte da vida social dos homens: basta pensar, por exemplo, nas receitas de cozinha, como para fazer um bolo: "Bata a manteiga com o açúcar, *quando* clarear adicione as gemas uma a uma batendo sempre, depois coloque a farinha aos poucos, *se* ficar muito espesso coloque leite ..." . Aqui foram omitidos diversos **dados do problema**, que são as quantidades a serem utilizadas: mas, habitualmente, precisaremos fornecê-los.

14   *Capítulo 1 : Primeiras ideias*

Então podemos ver que algoritmos não são novidade.

Foi, no entanto, a partir da Segunda Guerra Mundial que eles assumiram importância capital. O motivo disso foi a espantosa evolução dos computadores: alguns problemas até então inacessíveis puderam ser abordados com sucesso, **desde que pudessem ser resolvidos por um algoritmo.**

Com isso, a **Matemática Discreta** (Combinatória, Grafos etc.), que trabalha com conjuntos enumeráveis (em contraste com a Matemática do contínuo), experimentou um grande avanço. Por seu lado, ela também pode oferecer contribuições importantes à Ciência da Computação. E a simbiose entre a Matemática Discreta e a Computação encontra sua expressão na ciência da construção e análise de algoritmos, a **Algorítmica**.

Ao longo deste livro veremos que grafos e algoritmos são inseparáveis. Muitas das soluções para os problemas serão expressas não por um número, mas por um método e pelo correspondente algoritmo.

1.4.2 Algoritmos

Falamos acima de *algoritmos*. E vamos dar logo uma definição formal:

> **Um algoritmo é um <u>procedimento</u>, aplicado em etapas repetitivas e com eventuais <u>desvios lógicos</u>.**

Observação: Alguma controvérsia é sempre gerada em torno da definição de algoritmo; alguns autores exigem que o algoritmo chegue sempre a um final oferecendo uma saída (resposta). Assim "comece do número 1 e a cada etapa some 1 unidade" não seria um algoritmo, pois não pararíamos nunca.

Outra controvérsia é quanto à finalidade. Note que na definição não pedimos que ele faça alguma tarefa de que necessitamos. Mas, no nosso caso, estaremos sempre usando algoritmos com uma finalidade precisa. Nesse caso, devemos verificar a sua <u>correção</u>, isto é, se o algoritmo efetivamente faz o que desejamos. Vamos ver alguns exemplos:

Algoritmo de divisão inteira com resto

$$\begin{array}{r|l} 3402 & \underline{31} \\ 302 & 109 \\ 23 & \end{array}$$

Você reconhece, no quadro ao lado, uma *conta de dividir*. Pode conferir, está certa e é uma divisão com resto, coisa do primeiro grau.

Que tal procurarmos descrever o que fazemos, ao efetuar essa divisão? Para começar, vamos usar a linguagem que aprendemos junto com ela..

> **1. Começo:** 3 é menor que 31; "abaixamos" o 4; 34 é maior que 31, então fazemos a
>
> **2. Divisão:** 34 / 31 = 1
>
> **3. Depois:** 1 x 1 = 1, "para" 4 dá 3, 1 x 3 = 3, "para" 3 dá 0 e aí "abaixamos" 0.
>
> **4. Depois:** 30 é menor que 31, então escrevemos 0 no quociente e "abaixamos" 2.
>
> **5. Divisão:** 302 / 31 = 9;
>
> **6. Depois:** 9 x 1 = 9, "para" 12 dá 3 "e vai" 1; 9 x 3 = 27 "e" o 1 "que foi", dá 28,
>
> "para" 30 dá 2. O <u>resto</u> é 23.

Observação: É importante notar que as **divisões parciais** que fizemos são **inteiras**. Daí a necessidade de calcular os restos (etapas 3 e 6).

Grafos: introdução e prática 15

Observe que fomos deliberadamente coloquiais. Não especificamos as razões para que o algoritmo funcione (isso foi visto no primeiro grau ...). Essa é uma das vantagens dessas técnicas: depois que provarmos seu funcionamento, elas podem ser **programadas** para execução automática.

Agora, em uma linguagem mais sofisticada (formalizada):

> 1. **Comparar** primeiras casas do dividendo com o divisor: **guardar** o primeiro resultado maior ou igual que o divisor; [(*dividendo parcial*) 3 < 31; 34 > 31;]
>
> 2. **Dividir** o dividendo parcial pelo divisor; [34 / 31 = 1;]
>
>   **Enviar** o resultado para o *quociente parcial;*
>
> 3. **Multiplicar** o quociente parcial pelo divisor; *subtrair* do dividendo parcial (as operações "para" equivalem ao cálculo de *restos*);
> [1 x 1 = 1, "para 4, 3; 1 x 3 = 3, "para" 3, 0]
>
> 4. **Se** houver uma casa não utilizada no dividendo:
> *Tomar* a primeira casa do dividendo ainda não usada; **acrescentar** ao final do dividendo parcial; ["baixa" 0, *novo dividendo parcial* = 30]
>
>   **Caso contrário,** quociente final ← quociente parcial; resto ← dividendo parcial; **Fim.**
>
> 5. **Se** o dividendo parcial for menor que o divisor:
>   **enviar** 0 para o quociente parcial; [era 1, passa a ser 10]
>   **ir para** o **passo 4;** [30 < 31, logo "baixa" 2, novo dividendo parcial = 302, e cai no ...]
>   **Caso contrário**, *voltar* ao **passo 2** .
> [302 / 31 = 9; então passo 3: 9 x 1 = 9, "para" 12, 3; 9 x 3 = 27 "e" 1, 28, "para" 30, 2].
>
> 6. **Enviar** 9 para o quociente parcial e 23 para o dividendo parcial. **Ir para 4**.

Observe que os textos entre colchetes, [...] são **comentários**: não fazem parte do processo. Os diversos passos e alternativas apresentados, à exceção do **fim**, terminam sempre com um ponto-e-vírgula, (;). E lembre que as divisões parciais, como dito acima, são inteiras (com resto).

O que acabamos de ver é exatamente um *procedimento*, aplicado em *etapas repetitivas* e com eventuais *desvios lógicos*. Logo, trata-se de um **algoritmo**.

Ele também é um processo de resolução, uma vez que oferece uma saída, um resultado que era exatamente o que desejávamos – o resultado da divisão.

> **Desvio lógico** é um apelido para o "se" que encontramos duas vezes na descrição do processo. Note que ele abre caminho para duas opções, conforme a *cláusula* (condição) que ele contém seja satisfeita ou não.

Ao lado de cada etapa, incluímos (em comentário) a etapa correspondente da primeira descrição. Observe que *enviar* significa, no caso do quociente parcial, acrescentar um novo algarismo ao final dele.

Todo algoritmo contém **comandos**. Aqui eles correspondem às palavras em **negrito itálico** e podem ser *diretivas* (**comparar, dividir** etc.) ou *condições* (**se, enquanto**).

Nem todo algoritmo é exclusivamente numérico, isto é, abstrato. No nosso exemplo do caixa eletrônico, o algoritmo que nos permite interagir com a máquina lida com nomes, números, ações físicas ("passar cartão"), acesso remoto (para ver se você tem mesmo dinheiro) e consequências lógicas abstratas (subtrair a retirada feita do seu saldo). Por outro lado, se dissermos à cozinheira que, ao fazer seu bolo, ela está utilizando um algoritmo, é muito provável que ela nos olhe com cara de ponto de interrogação. Onde estariam os números? Nas quantidades usadas, como dissemos antes.

Muito importante: um algoritmo numérico só pode "funcionar", isto é, oferecer uma resposta correta, se corresponder a um raciocínio lógico-matemático correto, apoiado em conceitos matemáticos comprovados. Só a lógica e a matemática podem provar a correção de um algoritmo numérico.

Exemplo de algoritmo que "não funciona" :

Algoritmo (errado!) para achar a raiz quadrada de um número inteiro de 4 algarismos:

> Tomar um número inteiro de 4 algarismos;
>
> Separar as duas primeiras casas das duas últimas;
>
> Somar os dois números de dois algarismos assim obtidos.

O valor obtido é a raiz quadrada do número utilizado.

Exemplo: 2025 (20 + 25 = 45; 45^2 = 2025).

Se você experimentar com 3025, ou com 9801, também vai funcionar. **E só com estes números**. Ou seja, não se trata de uma propriedade de qualquer número inteiro de 4 algarismos, mas de uma exceção. Observe, por exemplo, 2500 (a raiz quadrada é 50 e não 25 + 00 = 25).

Ainda um exemplo:

Algoritmo (errado!) para achar um número primo:

> Tomar um inteiro k qualquer;
>
> Calcular os dois valores: $p = 4k - 1$, e $q = 4k + 1$.

Ou p ou q é primo.

Exemplo: k = 3, (4 x 3) − 1 = 11, (4 x 3) + 1 = 13.

Ora, todo número impar é da forma 4k ± 1, logo todo número primo maior que 2 será dessa forma. Esta condição, porém, é **necessária**, mas não **suficiente**, ou seja, nem todo número dessa forma é primo. Após algumas tentativas vamos encontrar k = 14, que nos dá p = 55 e q = 57. Nenhum deles é primo: portanto o algoritmo não faz o que desejamos.

Há muitas formas de se descrever um mesmo algoritmo, algumas mais simples, outras mais complicadas. E há muitos algoritmos tão simples quanto o da divisão, ao lado de outros bastante complicados.

Exercício: Experimente descrever formalmente um algoritmo bem simples, como o da multiplicação.

Como já observamos, teremos mais adiante ocasião de estudar algoritmos que trabalham com grafos. Para isso, precisaremos de **formas de representação** eficientes para os grafos. A representação gráfica pode até ser conveniente para nós, seres humanos, mas para um computador devemos utilizar **estruturas de dados** adequadas. Iremos encontrar alguns desses recursos mais adiante neste livro.

Grafos: introdução e prática   17

> ***Tijolo com tijolo num desenho lógico...***
> *Chico Buarque*
> *Construção*

Capítulo 2 : Conceitos básicos de grafos

2.1 Rotulação e representação de grafos

2.1.1 No capítulo anterior, vimos exemplos de modelos de grafos. Agora precisamos observar que, sempre que lidarmos com grafos, estaremos considerando que os seus vértices possuem *rótulos* – ou seja, *dados que permitam a sua identificação* – mesmo que estes não apareçam.

Por que?

A modelagem é uma **descrição do nosso problema**: então, no modelo, cada vértice e cada ligação do grafo tem um significado, portanto deve haver como identificá-los.

Em termos teóricos, devemos usar rótulos porque estamos lidando com **conjuntos** – e um conjunto deve ter seus elementos **bem definidos e distintos** uns dos outros. Esta definição e esta distinção **precisam** dos rótulos: sem eles não será possível, em geral, dizer de qual vértice ou de qual ligação estaremos falando.

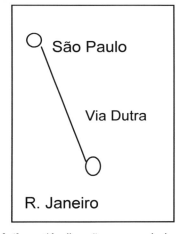

Podemos considerar, de início, que estaremos tratando com **grafos rotulados nos vértices**. (As ligações, na maioria dos casos, podem ser identificadas em consequência).

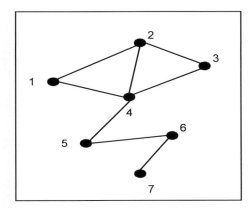

A modelagem coloca, naturalmente, rótulos nos grafos utilizados: nos exemplos que vimos, eles eram massas de terra, átomos de carbono, alunos etc., mas às vezes isso não fica evidente, como no caso dos circuitos elétricos (onde os componentes correspondem às arestas e estas é que receberiam rótulos). Em tais casos, teremos de criar **critérios** para gerar os rótulos.

Por exemplo, rótulos podem ser nomes de pessoas, ou de cidades, ou de máquinas; ou podem ser cadeias numéricas, ou de caracteres, como o CIC das pessoas, ou siglas de empresas ou outras organizações, ou simplesmente números naturais. Pode haver mais de um conjunto de rótulos para os vértices de um mesmo grafo.

Convém alertar, no entanto, que há propriedades das estruturas de grafo que **não dependem** da rotulação. Por exemplo, um grafo representativo da relação de parentesco entre irmãos será sempre o mesmo, por mais que se permutem os rótulos dos vértices (que serão os nomes dos irmãos).

Dois grafos que diferem um do outro apenas pelos rótulos são ditos *isomorfos* (veja o item 2.2.8).

2.1.2 Como representar um grafo

Para utilizar grafos, precisaremos saber como eles podem ser representados. Temos feito isso com esquemas gráficos, mas convém lembrar que na resolução dos modelos se usam computadores, que não entendem desenhos! Além disso, o esquema de um grafo pode ser desenhado de uma infinidade de maneiras, todas equivalentes – enquanto *o* grafo abstrato associado a todas elas será o mesmo.

Existem muitas formas de se organizar os dados sobre um grafo, de modo que eles possam ser introduzidos em um computador.

A mais intuitiva delas (e uma das mais usadas) consiste em dizer, para cada vértice, quais outros vértices estão ligados a ele (ou *adjacentes* a ele).

Agora vamos utilizar os rótulos: o grafo que mostramos acima, por exemplo, pode ser escrito assim:

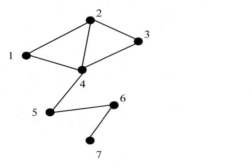

Vértice	Vért. adjacentes
1	2, 4
2	1, 3, 4
3	2, 4
4	1, 2, 3, 5
5	4, 6
6	5, 7
7	6

Esta lista de vértices e de seus vértices adjacentes se chama, exatamente, *lista de adjacência* do grafo. Ela indica as *relações de adjacência* – neste caso, as arestas - entre os vértices.

Vamos ver como é a lista de adjacência de um grafo orientado:

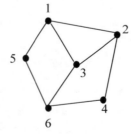

Vértice	Vért. adjacentes
1	3, 5
2	1, 4
3	2, 6
4	6
5	6
6	-----

Na primeira lista, cada aresta (relação de adjacência) foi indicada **nos dois sentidos**. Por exemplo, na linha de 1 dizemos que 1 é ligado a 2 e depois, na linha de 2, que 2 é ligado a 1. Poderíamos ter usado **apenas um** dos sentidos (*lista assimétrica*): por exemplo, do vértice de **menor rótulo** para o de **maior rótulo**. Então o vértice 1 **não constaria** da linha de 2.

Um modelo pode conduzir a um **p-grafo**, que é um grafo com ligações paralelas (p. ex., duas arestas unindo o mesmo par de vértices). Nestes casos, **ao menos uma** linha da lista de adjacência vai conter **ao menos um** vértice adjacente repetido.

Grafos: introdução e prática

Como iremos distinguir entre duas listas, uma de um grafo orientado e outra não? Você vai ter que dizer isso ao computador, é claro! Dá trabalho? Mas imagine que você esteja construindo a lista de um grafo não orientado de 1000 vértices: não é melhor incluir essa informação no programa de leitura dos dados, ao invés de digitar o dobro de números?

2.1.3 A matriz de adjacência

Podemos tomar os rótulos dos vértices e associá-los às linhas, e também às colunas, de uma matriz quadrada *(matriz de adjacência)*. Representaremos as matrizes, neste texto, por letras maiúsculas em negrito. A matriz de adjacência será indicada por **A** = [a_{ij}] (exatamente, para evitar confusão, é que chamamos de E o conjunto de arestas de um grafo).

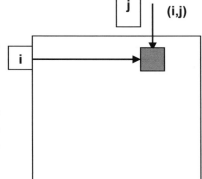

Então bastará escrever uma marca qualquer nas casas correspondentes: já vimos que cada ligação, seja aresta ou arco (ou seja, cada relação de adjacência) em um grafo, corresponde a um par de vértices: logo, a um par de rótulos.

Podemos sempre localizar uma posição qualquer em uma matriz por meio de um par de índices. Então, basta juntar uma coisa à outra, e faremos isso usando os rótulos dos vértices para localizar a posição correspondente à ligação e escrevendo um valor numérico na casa.

Porém, se quisermos apenas indicar que existe uma ligação, podemos escrever "x" ou "1" e deixar em branco as casas que não correspondam a ligações, ou escrever "0" nelas. No computador, usamos os números.

Se a ligação tiver um valor e tivermos de trabalhar com ele (como, por exemplo, o comprimento de uma estrada), escreveremos esse valor na casa correspondente. Um grafo no qual as ligações recebem valores diversos é dito *valorado*. Neste caso, a matriz é habitualmente conhecida como *matriz de valores das ligações* ou simplesmente *matriz de valores*. Na lista de adjacência, cada linha deve ser acompanhada do correspondente conjunto de valores.

Vamos exemplificar com os dois grafos cujas listas de adjacência acabamos de mostrar. Imaginemos um conjunto de valores para os arcos do grafo orientado.

	1	2	3	4	5	6	7
1	0	1	0	1	0	0	0
2	1	0	1	1	0	0	0
3	0	1	0	1	0	0	0
4	1	1	1	0	1	0	0
5	0	0	0	1	0	1	0
6	0	0	0	0	1	0	1
7	0	0	0	0	0	1	0

	1	2	3	4	5	6
1		2		1		
2	4			3		
3		1				7
4						6
5						1
6						

Escrevemos zeros nas posições sem relações de adjacência **apenas** na primeira matriz; **daí em diante, neste livro, não o faremos**. Ao se introduzir os dados, o computador fará isso automaticamente, ou nos dará uma matriz nula, na qual escreveremos onde for preciso. Se não houver valores diferentes para cada ligação, podemos indicá-las com valores unitários, como no primeiro exemplo; caso contrário, indicaremos os valores correspondentes, como no segundo.

A matriz da direita tem uma peculiaridade, que é a última linha vazia, tal como a última linha da lista de adjacência do mesmo grafo, apresentada acima: isto quer dizer que do vértice 6 não se pode ir a qualquer outro vértice. Este fato envolve uma propriedade muito importante dos grafos, que é a **conexidade**. Antes de discuti-la (o que faremos adiante), precisaremos falar de outro tipo de matriz e definir algumas noções básicas.

No caso de p-grafos, a matriz de adjacência não permite uma representação adequada (uma mesma casa poderia corresponder a mais de uma ligação). Então se usam outras formas de representação, ou se usam vértices fictícios para "quebrar" ao meio as arestas a mais de modo a obter um 1-grafo.

É interessante observar que a diagonal da matriz de adjacência pode também ter um significado. Uma ligação de um vértice consigo mesmo corresponde a um elemento dela e se chama um *laço*.

Os laços aparecem habitualmente em modelos de temas sociais e também em modelos probabilísticos como os baseados em cadeias de Markov. **_Neste livro, consideraremos grafos sem laços_**.

Observe que a matriz da esquerda é simétrica: isto ocorre sempre com os grafos não orientados, porque as relações de adjacência são também simétricas, como foi discutido.

Então podemos substituir um grafo não orientado por um grafo orientado onde todo arco (i,j) tenha seu *simétrico* (j,i). A figura abaixo mostra um exemplo.

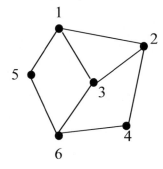 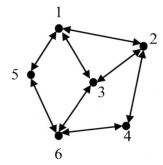

2.1.4 A matriz de incidência

Esta matriz é vértice-ligação (lembre que a matriz de adjacência é vértice-vértice). Cada linha dela corresponde a um vértice e, em cada coluna, são assinalados os dois vértices associados a uma dada ligação. Se o grafo for orientado, o vértice de saída do arco *k* é marcado com +1 e o de entrada, com -1. No caso não orientado, as duas posições recebem valor unitário. Portanto apenas duas posições de cada coluna são utilizadas, o que eventualmente permite a compactação da matriz ao se programar.

Um ponto interessante é que ela permite a representação de p-grafos: basta utilizar colunas iguais, uma para cada ligação paralela a outra.

Voltamos a utilizar os dois grafos já usados para exemplificar a matriz de adjacência:

	1	2	3	4	5	6	7	8
1	1	1						
2	1		1	1				
3			1		1			
4		1			1	1	1	
5						1	1	
6							1	1
7								1

	1	2	3	4	5	6	7	8
1	+1	+1	-1					
2			+1	+1	-1			
3	-1				+1	+1		
4				-1			+1	
5		-1						+1
6						-1	-1	-1

Aqui representamos as arestas e arcos em ordem lexicográfica (a ordem dos pares de índices, equivalente à ordem alfabética), o que é conveniente para a construção, mas não é obrigatório.

Grafos: introdução e prática

A matriz de incidência é, habitualmente, representada pela letra **B**.

2.2 Alguns conceitos importantes

Antes de ir adiante, precisaremos examinar alguns "verbetes" do dicionário da teoria dos grafos. Trata-se de ideias básicas que irão aparecendo ao longo do trabalho com noções teóricas mais complexas, com os correspondentes modelos e com os algoritmos que serão utilizados.

2.2.1 *Ordem e tamanho*

A *ordem* de um grafo é o número de vértices que ele possui.

O *tamanho* de um grafo é o número de ligações que ele possui.

2.2.2 *Grafo complementar*

Seja um grafo G orientado ou não: diremos que o seu *grafo complementar* $\overline{G}$ (ou G^c) é o grafo que contém as ligações que <u>não estão</u> em G. A ideia é a mesma da complementaridade de conjuntos, o que é natural, visto que um grafo é definido por um par de conjuntos. Veja a figura abaixo:

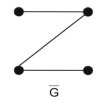
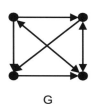
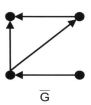

G $\overline{G}$ G $\overline{G}$

Ao se falar do complemento de um conjunto, deve-se ter sempre em mente que ele é definido em relação a um **universo** dado. Em grafos não orientados, este universo é o conjunto de todas as arestas possíveis em um grafo com a mesma ordem, e o grafo que o possui é chamado *grafo completo* (Existe <u>apenas um grafo completo para cada ordem:</u>dada *n*, que é identificado por K_n). Em grafos orientados, o universo conterá todos os arcos, seja em um sentido ou em outro, entre todos os pares de vértices *diferentes* (para nós, sem levar em conta os laços): trata-se de um *grafo completo simétrico*.

2.2.3 *Subgrafo*

Informalmente, podemos dizer que um *subgrafo* é um grafo que **cabe dentro** de outro.

Formalmente, dizemos que o conjunto de vértices de um subgrafo H de G = (V,E) está contido no de G, e que seu conjunto de ligações também está contido no de G (ou seja, $V(H) \subseteq V(G)$ e $E(H) \subseteq E(G)$). É claro que só poderão (<u>ou não</u>) estar em E(H) arestas definidas por vértices que estejam em V(H).

Isto pode, portanto, ter a ver com os vértices ou com as ligações; em particular, há dois tipos importantes de subgrafo:

Subgrafo abrangente (em inglês, *spanning subgraph*) é um grafo que contém todos os vértices de outro, mas **não obrigatoriamente** todas as ligações.

Vamos exemplificar com um grafo não orientado. Veja a figura abaixo.

Observe que a aresta que *não figura* no grafo à esquerda também *não pode figurar* no da direita.

Subgrafo induzido (por um subconjunto de vértices) é um grafo que possui, do grafo original, apenas <u>estes vértices e todas as ligações entre eles,</u> que figurarem no grafo original.

Veja a figura abaixo, onde representamos o subgrafo induzido pelos vértices brancos:

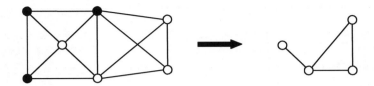

Exercício: Construa exemplos de subgrafos, inclusive abrangentes e induzidos, a partir de grafos orientados.

É claro que, se retirarmos uma aresta do subgrafo induzido representado acima, o grafo obtido também será um subgrafo do grafo original, mas já não poderá ser chamado de *induzido*.

2.2.4 Vizinhança

Ao discutir a representação de grafos, falamos de relações de adjacência. Esta noção nos leva à ideia de *vizinhança*, ou seja, o que está mais próximo (no caso, de um vértice do grafo).

Diremos que, em um grafo G = (V,E) não orientado, um vértice *y* é *vizinho* de um vértice *x* se existir em G uma aresta (*x,y*). E a *vizinhança,* ou *vizinhança aberta,* de *x*, que denotamos N(*x*), é o conjunto de vértices de G que sejam vizinhos de *x*:

$$N(x) = \{ y \mid \exists (x, y) \}.$$

Poderemos "refinar" a notação, se quisermos, ou se precisarmos. Por exemplo, para um grafo não orientado:

$$N(x) = \{ y \in V \mid \exists (x, y) \in E \}.$$

Mas isso só seria importante se estivéssemos discutindo uma situação onde se trabalhasse com vários grafos ao mesmo tempo, definidos sobre os mesmos conjuntos de vértices e de ligações etc., etc..

Da mesma forma, poderemos definir a vizinhança N(W) de um **conjunto W de vértices**. Aqui é importante dizer que os vértices da vizinhança devem ser ***externos*** a W. Ao se lidar com um só vértice, isso fica implícito.

Em um grafo G = (V,E) orientado, os vizinhos de um vértice *v* se subdividem em *sucessores* e *antecessores*, conforme se esteja seguindo um arco de *v* para um seu vizinho, ou o contrário. A notação é semelhante, apenas se designa a *saída* por um sobrescrito (+) e a *entrada* por um (-).

$$\text{Sucessores: } N^+(v) = \{ w \mid \exists (v,w) \};$$
$$\text{Antecessores: } N^-(v) = \{ w \mid \exists (w,v) \}.$$

As mesmas observações feitas acima valem também aqui.

Observe as figuras abaixo.

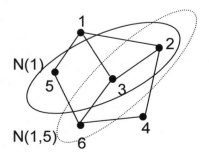
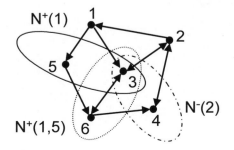

Ao se lidar com algoritmos, às vezes se usa a *vizinhança fechada* N[x] = N(x) ∪ { x }, que inclui o vértice no qual ela se baseia. Não há, é claro, maior dificuldade em se passar de uma noção à outra.

2.2.5 *Grau e semigraus*

Em um grafo orientado, podemos distinguir entre as duas vizinhanças, como vimos acima. O número de sucessores de um vértice é o seu *semigrau exterior* $d^+(v)$ e o número de antecessores, o seu *semigrau interior* $d^-(v)$. O grau de um vértice será então a soma dos seus dois semigraus. **Na figura acima**, o vértice 1 no grafo à direita (de grau 3) tem semigrau exterior 2 e interior 1.

Em um grafo não orientado, o *grau* de um vértice *v* é o número d(*v*) de vizinhos que ele possui. Na figura acima, o vértice 1 no grafo à esquerda tem grau 3. Um vértice de grau 1 é um *vértice pendente* – como o 5, na figura ao lado.

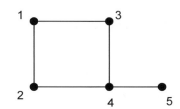

Uma sucessão de números inteiros que correspondem aos valores dos graus de um grafo, é a *sequência de graus* do grafo. Ela pode ser apresentada sob forma ordenada, habitualmente em ordem não-decrescente: então ela será uma *sequência ordenada de graus*.

É interessante observar que uma sequência ordenada de graus pode corresponder a mais de um grafo.

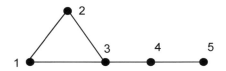

Veja as figuras ao lado.

Podemos observar que as sequências de graus dos grafos nela representados são (2, 2, 2, 3, 1) e (2, 2, 3, 2, 1).

A sequência ordenada de graus de ambos, em ordem não-decrescente, é a mesma: (3, 2, 2, 2, 1).

Para um grafo não orientado G, o grau máximo é denotado $\Delta(G)$ e o grau mínimo $\delta(G)$. No caso dos grafos acima representados, teremos $\Delta(G) = 3$ e $\delta(G) = 1$.

Se todos os vértices de um grafo não orientado tiverem o mesmo grau *k*, ele é dito ser (*k*)-regular ou, simplesmente *regular*.

Veja as figuras abaixo.

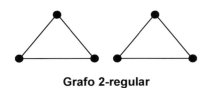
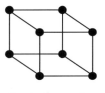

Grafo 2-regular   Grafo 2-regular   Grafo 3-regular   Grafo 3-regular

2.2.6 *Percursos*

Uma definição necessária, de início, é a de *adjacência*.

Dois *vértices* são *adjacentes* se houver uma ligação entre eles e duas *ligações* são *adjacentes* se elas partilharem um mesmo vértice.

Diremos então que um *percurso*, ou *cadeia*, em um grafo é uma coleção de vértices (ou de ligações) *sequencialmente adjacentes*. Ou seja, o primeiro vértice é adjacente ao segundo, que é adjacente ao terceiro, que... até chegar ao último, que pode ser igual ou diferente do primeiro (então o percurso será, respectivamente, *fechado* ou *aberto*).

Observe que, até agora, nada dissemos sobre a existência ou não de orientação no grafo. Estas ideias são gerais, valem para os dois casos.

Agora, vamos usar alguns termos para qualificar os percursos:

Caminho: diz-se de um percurso (em um grafo orientado) onde todos os arcos estão no sentido início do percurso → fim do percurso.

Simples: é um percurso que *não repete ligações*.

Elementar: é um percurso que *não repete vértices*.

Ciclo: é um percurso elementar fechado.

Circuito: é um caminho elementar e fechado (logo, um ciclo orientado).

2.2.7 Fecho transitivo

Transitividade é a propriedade que diz que,

- se uma relação é válida entre *a* e *b*,
- e também entre *b* e *c*,
- então, também será válida entre *a* e *c*.

Nem toda relação é transitiva: pense na relação "gostar de", no caso já discutido, em que *a = mulher, b = marido* e *c = a mãe dele*...

Se pudermos ir de *v* para *w* em um grafo, porque nele existe a ligação (*v,w*), diremos que *w* é *atingível* a partir de *v*.

Então poderemos pensar em usar outra ligação para ir adiante: esta relação de atingibilidade é transitiva, porque se houver uma ligação (*w,x*) poderemos chegar a *x* e este será também atingível de *v*.

Mais ainda, poderemos procurar *todos os vértices atingíveis* em um grafo G não orientado, a partir de um *v* dado.

Este conjunto é chamado o *fecho transitivo* de *v* em G. Ele é designado por R(*v*).

Se estivermos em um grafo orientado, haverá dois desses fechos para cada vértice:

- o *fecho transitivo direto*, que procura (iterativamente) sucessores de vértices e é o conjunto de todos os vértices *atingíveis a partir de v*. Estes vértices são chamados os *descendentes* de *v*.
- o *fecho transitivo inverso*, que procura (iterativamente) antecessores de vértices e é o conjunto de todos os vértices *a partir dos quais v é atingível*. Estes vértices são chamados os *ascendentes* de *v*.

Designaremos esses fechos, respectivamente, para um vértice v, por R$^+$(*v*) e R$^-$(*v*).

É importante observar que um fecho transitivo *sempre* inclui o seu vértice origem, por coerência: ele é, naturalmente, atingível de si mesmo.

A figura abaixo mostra exemplos destes dois últimos fechos. Podemos observar que nem b ∈ R$^+$(a), nem a ∈ R$^+$(b); no entanto, a interseção desses dois fechos não é vazia.

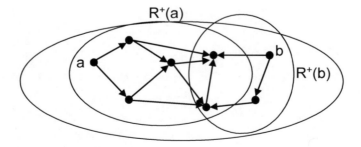

Observe com cuidado a atingibilidade em cada caso. Lembre-se que os conjuntos referenciados na figura são de vértices.

Grafos: introdução e prática 25

Vamos pensar, por um momento, no caso dos grafos não orientados. Deixando de considerar a orientação, parece que conseguiremos sempre atingir a todos os vértices, a partir de qualquer um deles. Não é bem assim: adiante, vamos discutir isso ao falarmos de *conexidade*.

2.2.8 Isomorfismo de grafos

Etimologicamente, **isomorfos** quer dizer **com a mesma forma**. Uma maneira bastante informal (e imprecisa) de falar deste conceito é dizer que dois grafos são isomorfos quando eles na verdade são "o mesmo grafo".

Vamos aclarar um pouco as ideias. Imaginemos que duas pessoas queiram construir a matriz de adjacência de um grafo como o que está na figura abaixo. A primeira usa a figura da esquerda e a segunda, a da direita.

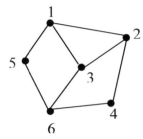 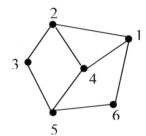

Observe que dissemos "o grafo" e não "os grafos", porque as figuras são claramente análogas: o que muda é a rotulação, que na segunda figura é uma permutação da primeira. As duas matrizes não serão iguais.

> Bem, mas quando a rotulação muda, não se tem outro grafo?

É aí que aparece uma dificuldade, que resulta das diferentes formas de se representar um grafo. Olhamos a figura e vemos que há dois desenhos análogos, mas eles certamente vão produzir duas matrizes de adjacência diferentes, por causa das rotulações *(Experimente construí-las)*. Além disso, poderemos fazer desenhos diferentes, como abaixo:

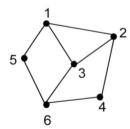 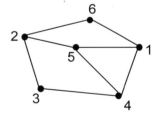

Não é difícil perceber que o grafo à direita é o mesmo da esquerda: os vértices mudaram de posição e, naturalmente, as arestas os acompanharam. Os rótulos foram permutados conforme a permutação (4, 1, 5, 6, 3, 2).

Para grafos maiores, no entanto, torna-se rapidamente impossível perceber o isomorfismo. Então precisamos de uma noção claramente definida, que evite essa confusão.

Definição: Dois grafos são *isomorfos* se e somente se existir uma **função bijetiva** entre seus conjuntos de vértices, que **preserve** suas relações de adjacência.

Já sabemos que "relações de adjacência" é outro nome para "arestas" (que tem a vantagem de ser menos "gráfico", pode ser aplicado também no contexto das matrizes de adjacência).

Lembramos que uma função bijetiva é uma função que vale nos dois sentidos.

E "preservar" quer dizer que a função vai garantir que os mesmos pares de vértices estejam envolvidos na definição das mesmas arestas, embora com rótulos novos.

A função, no exemplo acima, pode ser dada pela correspondência dos conjuntos de vértices dos dois grafos (permutação) ou por uma tabela que diga que a aresta (1,2) do primeiro grafo corresponde à (4,1) (ou (1,4)) do segundo etc..

Você poderá observar que esta definição resolve tanto os problemas de forma dos desenhos como os de rotulação, que levam a diferenças na estrutura das matrizes de adjacência.

2.3 Alguns grafos especiais

Certos grafos possuem propriedades tão características, que se torna importante apresentá-los neste ponto da discussão, porque iremos nos referir a eles muitas vezes ao longo do texto.

Grafo simétrico é um grafo orientado no qual, onde se encontra um arco (i,j), haverá sempre um arco (j,i). Trata-se da situação que discutimos em 2.1: um grafo simétrico equivale a um grafo não orientado.

Grafo completo é um grafo, orientado ou não, que possui <u>ao menos uma</u> ligação entre cada par de vértices. Isso implicaria na existência de ligações do tipo (i,i), associadas à diagonal principal da matriz de adjacência, ou seja, os laços. Neste texto, como adiantamos, não iremos considerar laços, embora eles tenham significado em algumas aplicações de grafos já citadas. Como já visto, um grafo completo é o **universo de referência** para definição de grafo complementar.

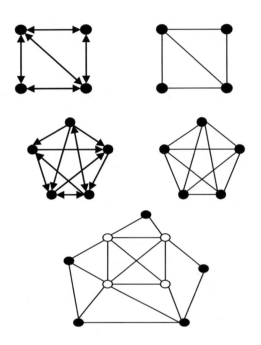

O caso não orientado é mais importante, especialmente quando se trata de um grafo completo que seja **subgrafo induzido** de outro grafo (veja o item 2.2). Neste caso, ele se chama uma *clique* do outro grafo. (Uma clique é como uma <u>panelinha</u>, que já vimos também no exemplo do sociograma). Veja os vértices brancos no exemplo ao lado.

No caso não orientado, para um 1-grafo, <u>ao menos uma</u> ligação quer dizer <u>exatamente uma</u>.

Os grafos completos não orientados (ver 2.2.2) são habitualmente designados pela notação K_n.

Enfim, diz-se que um grafo é *bipartido* quando o seu conjunto de vértices puder ser particionado em dois subconjuntos tais que não haja ligações *internas* a eles, ou seja, entre dois vértices de um mesmo subconjunto. Os grafos bipartidos são interessantes porque diversos problemas costumam ser mais fáceis de resolver se puderem ser modelados por grafos bipartidos.

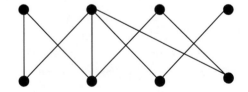

Habitualmente os problemas de grafos bipartidos são não orientados. Um motivo para isso está no significado dos dois conjuntos, que normalmente possuem alguma diferença entre eles. Podem ser, por exemplo, pessoas e tarefas a serem executadas, ou homens e mulheres em uma festa etc.. A orientação, em casos como esses, não tem significado ou fica implícita.

Um ponto importante diz respeito, exatamente, à não existência de ligações entre os vértices de um dado subconjunto. Isto pode acontecer em qualquer grafo e se diz que um conjunto de vértices que não possui ligações internas é um *conjunto independente*. Um grafo bipartido possui dois conjuntos independentes que têm a peculiaridade de particionar o seu conjunto de vértices. O estudo de problemas relacionados a conjuntos independentes faz parte do **Capítulo 5**.

Podemos definir um *grafo bipartido completo* como um grafo bipartido com o maior número possível de arestas. Estes grafos são habitualmente designados pela notação K$_{p,q}$ (onde *p* e *q* são as cardinalidades dos dois conjuntos independentes de que falamos acima e se tem *p + q = n*). K$_{p,q}$ terá, portanto, *p* x *q* arestas.

2.4 Conexidade

2.4.1 Já vimos que existem grafos orientados e não orientados. Observe a figura abaixo:

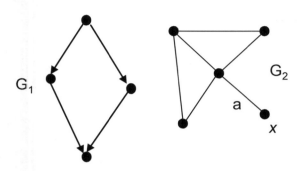

Um dos dois grafos (G$_1$) é orientado e o outro (G$_2$) é não orientado. Vamos discutir o grafo G$_1$ mais adiante, mas observe G$_2$: não importa de qual vértice se parta, é sempre possível alcançar os outros vértices. É como andar a pé pela rua: não existe contra-mão. Então, todo par de vértices é unido por um percurso, ou cadeia.

Agora, comparando G$_1$ e G$_2$ com o grafo que está em baixo, à direita (G$_3$), poderemos dizer que cada um deles é feito "de um pedaço só" enquanto G$_3$ é "em dois pedaços".

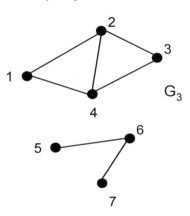

Não, não se trata de dois grafos: os rótulos mostram claramente que todos os vértices são elementos de um mesmo conjunto, com 7 vértices.

Neste último grafo, em muitos casos não podemos alcançar um vértice a partir de outro: por exemplo, não podemos chegar a 7 partindo de 2 (ou vice-versa). Não existe uma cadeia entre esses vértices. Podemos ainda dizer que o fecho transitivo de 2 não contém 7, e vice-versa (**Verifique!**). O grafo é dito *não conexo, ou desconexo*.

Os dois grafos G$_1$ e G$_2$, de cima, são *conexos*.

E a propriedade (de um grafo ser, ou não, conexo) se chama *conexidade*.

Em um grafo não orientado conexo, sempre se pode *ir de um a outro vértice*, atravessando **arestas**.

Se, em alguma situação, uma aresta for indispensável a este processo, ela é chamada uma *ponte* do grafo (como por exemplo a aresta **a** em G$_2$, na figura de G$_1$ e G$_2$: sem ela não se pode chegar ao vértice *x*). A remoção de uma ponte, portanto, desconecta o grafo.

Também é interessante notar que se pode sempre construir um percurso fechado que utilize todos os vértices, possivelmente repetindo um ou mais deles. O mesmo pode ser dito dos **arcos** em um grafo orientado conexo, *se não observarmos o sentido deles*, não importando quais sejam os vértices escolhidos: caso de se andar a pé, em ruas de mão única para os veículos.

2.4.2 Conexidade em grafos orientados

Ao se falar de conexidade, é preciso considerar em separado grafos não orientados e orientados.

Para ver o que ocorre, considere agora um grafo orientado e sua matriz de adjacência::

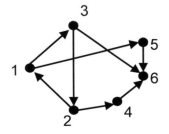

	1	2	3	4	5	6
1			1		1	
2	1			1		
3		1				1
4						1
5						1
6						

Observe que aqui não estamos andando a pé. Existe mão e contra-mão!

Neste exemplo, há:

- um vértice que só recebe arcos (6),
- outros dois que recebem e enviam arcos, mas aos quais não se pode voltar (4 e 5),
- entre 1, 2 e 3 se pode ir e voltar à vontade.

Então, parece que não podemos dizer que o grafo seja conexo. Mas, por outro lado, não podemos chamá-lo de não conexo, porque se esquecermos o sentido das setas poderemos ir para onde quisermos. O mesmo acontece com o grafo G₁ mostrado mais acima.

> *Então, como fica? Este grafo é, ou não, conexo?*

O problema é que, de fato, a conexidade em grafos orientados exige que consideremos mais alguns detalhes.

Podemos distinguir 4 casos *(tipos de conexidade)*:

Grafo não conexo: Existe *ao menos* um par de vértices que não é ligado por nenhuma cadeia (com ou sem orientação, é o mesmo).

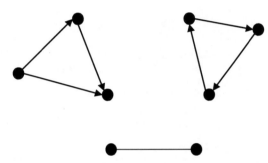

Vamos dar um exemplo simples; imagine que o grafo represente a passagem de um boato. Vemos que um boato (ou "fofoca") que chegue apenas ao grupo da esquerda não chega ao da direita, nem ao de baixo, e vice-versa.

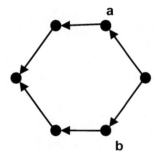

Grafo simplesmente conexo (s-conexo): *Existem cadeias* entre todos os pares de vértices (não considerando a orientação). Se observarmos bem, existem pares de pontos (como **a** e **b**) que não podem ser atingidos (*não são atingíveis*) um a partir do outro. Observe que *a atingibilidade traz a ideia de orientação*, porque estamos indo de um lugar a outro em uma dada direção!

Exemplificando com a fofoca, no grafo ao lado: se **a** descobrir uma novidade e quiser divulgá-la, ela não chegará aos vértices de baixo, e vice-versa com **b**. Os vértices de cima não podem ser atingidos a partir dos de baixo (e vice-versa).

Grafo semi-fortemente conexo (sf-conexo): Para todo par de vértices *u, v*, *existe um caminho* de *u* até *v* e/ou *existe um caminho* de *v* até *u*. No nosso exemplo: se os vértices do triângulo à direita receberem uma notícia, os da esquerda ficarão sem saber, mas qualquer novidade que chegar ao triângulo à esquerda chegará ao triângulo à direita.

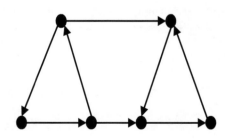

No grafo acima, podemos andar (de carro) à vontade dentro de qualquer dos dois triângulos, mas só podemos ir do da esquerda para o da direita, não ao contrário. *(Verifique!)*

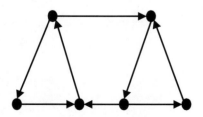

Grafo fortemente conexo (f-conexo): Para todo par de vértices *u, v* existe um caminho de *u* até *v* e existe um caminho de *v* até *u*. No grafo à esquerda, apenas o arco de baixo entre os dois triângulos mudou de sentido: mas essa mudança permite que se possa ir de qualquer vértice a qualquer outro, em ambos os sentidos. (*Verifique!*).

Isto é, se um boato chegar a qualquer vértice, todos ficarão sabendo. Observe que o arco de baixo, entre os dois triângulos, tem sentido oposto ao correspondente na figura anterior.

Dentro de qualquer grafo orientado, poderemos identificar subgrafos f-conexos que sejam *maximais* (ou seja, que não façam parte de outros que sejam também f-conexos). Um subgrafo maximal f-conexo é chamado uma *componente f-conexa*. Um grafo f-conexo possuirá apenas uma componente f-conexa (ele mesmo).

Vamos mostrar como simplificar o exame da conexidade de um grafo orientado.

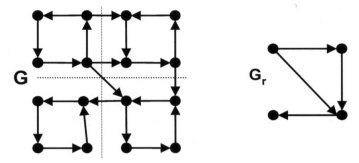

O grafo G tem 4 componentes f-conexas (separadas pelas linhas pontilhadas).

Numa componente f-conexa podemos "ir" e "vir" de um vértice a qualquer outro.

Se a partir de um vértice *u* pudermos chegar a um vértice *v*, poderemos chegar a todos os vértices da componente f-conexa à qual *v* pertence.

Isso nos sugere a construção de um *grafo reduzido*.

Grafo reduzido $G_r = (V_r, E_r)$: É o grafo formado da seguinte maneira :

- Para cada componente conexa, teremos um vértice de G_r.
- Dois vértices *x* e *y* de G_r serão ligados por um arco **se** houver um caminho indo de *qualquer vértice* da componente f-conexa que contém *x* a *qualquer vértice* da componente f-conexa que contém *y*.

Observe a figura e verifique que o grafo reduzido de G é o grafo G_r à direita.

Obs : O grafo reduzido tem o mesmo tipo de conexidade do grafo original. (Dizemos que a redução do grafo *preserva* a sua conexidade). Se G for não conexo, G_r será não conexo; se G for f-conexo, G_r será um ponto. (Um ponto é *trivialmente* f-conexo!).

A conexidade em grafos orientados é uma propriedade muito importante em certos contextos. No trânsito, por exemplo, é claro que o grafo que modela a rede de ruas terá de ser f-conexo: ou, então, haverá alguma rua, ou bairro, onde um carro não poderá entrar, ou, se entrar, não mais poderá sair, sob pena de ser multado.

Obs.: Convém notar um ponto importante:

- *Um grafo f-conexo atende às definições de grafo sf-conexo e s-conexo: ou seja:*
  - em um grafo f-conexo *sempre existe* um caminho de um vértice a outro **(sf-conexidade)**:
  - poderemos *andar* de qualquer vértice a qualquer outro, sem respeitar o sentido dos arcos, como os pedestres andam pelas ruas de mão única. (**s-conexidade**).
- *Um grafo sf-conexo atende à definição de grafo s-conexo* (mesma consideração acima, para este último tipo).

A **determinação das componentes f-conexas** de um grafo orientado é uma etapa muito importante no estudo de muitos modelos de grafo, porque ela permite que se façam estudos locais mais detalhados. (Pense em um modelo no qual o grafo tenha, por exemplo, 50.000 vértices!).

Capítulo 2: Conceitos básicos de grafos

Ela pode ser feita através de um *algoritmo* de fácil compreensão. Nele, vamos utilizar a noção de *fecho transitivo*. (**Veja o ítem 2.2**).

Vamos considerar um grafo orientado G.

Se tomarmos um vértice *x* e determinarmos o seu fecho transitivo direto $R^+(x)$, teremos encontrado todos os vértices atingíveis a partir de *x* (logo, todos os vértices *para os quais* existe um caminho *a partir de x*).

Se, então, acharmos o fecho transitivo inverso $R^-(x)$, teremos encontrado todos os vértices a partir dos quais x é atingível (logo, todos os vértices *a partir dos quais* existe um caminho *para* x).

É claro que *x* pertence aos dois fechos, e pode haver outros vértices nessa situação. Estamos falando, portanto, da *interseção* dos dois fechos.

Um vértice dessa interseção tem caminhos <u>de</u> e <u>para</u> *x*; logo, ao menos por isso, ele tem caminhos <u>de</u> e <u>para</u> os demais vértices da interseção.

> *Mas essa é exatamente a definição de f-conexidade.*

Então, os vértices dessa interseção formam uma <u>componente f-conexa</u> do grafo. Veja a figura abaixo.

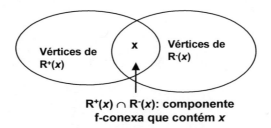

2.4.3 *Algoritmo de Malgrange*

Este algoritmo constrói os dois fechos transitivos de um vértice, faz a interseção deles e retira do grafo os vértices dessa interseção, antes de tomar um novo vértice etc., etc., até que todos os vértices estejam separados em suas componentes.

Isto é feito iterativamente, varrendo-se a matriz (ou a lista) de adjacência à procura das vizinhanças dos vértices encontrados, até que não apareçam novos vértices a serem incluídos. Em um grafo orientado, essa varredura tem de ser feita *nos dois sentidos*, para achar R^+ e R^-.

Exemplo:

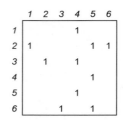
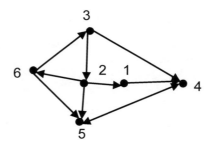

Vamos usar um conjunto provisório W para guardar os vizinhos de um vértice *v*.

Este conjunto vai permitir um **teste de parada,** que é W ≠ R* ∪ {N*(R*)}: enquanto o conteúdo se modificar, haverá vértices para adicionar em R* (aqui o (*) significa (+) na primeira passada e (-) na segunda).

Grafos: introdução e prática   31

No algoritmo, a seta (←) significa "recebe", ou seja, estamos atribuindo ao primeiro membro o valor do segundo. Observe que os sinais "igual" e "diferente" são usados <u>nos testes</u>.

Entrada: Grafo G = (V,E)

Y ← V   [Y armazena os vértices cuja componente ainda não foi determinada]

I ← 0   [I indexa as componentes conexas encontradas]

enquanto Y ≠ ∅ **fazer**

  I ← I + 1;

  R^+ ← ∅;   [R^+ armazena os <u>descendentes</u> do vértice em questão]

  R^- ← ∅;   [R^- armazena os <u>ascendentes</u> do vértice em questão]

  escolher v ∈ Y;

      W ← ∅; R^+ ← {v};

        enquanto W ≠ R^+ ∪ {N^+(R^+)} **fazer** [na igualdade não há novos vértices a entrar]

        R^+ ← R^+ ∪ {N^+(R^+)};

        fim-fazer

      W ← ∅; R^+ ← {v};

        enquanto W ≠ R^- ∪ {N^-(R^-)} **fazer** [na igualdade não há novos vértices a entrar]

        R^- ← R^- ∪ {N^-(R^-)};

        fim-fazer

  componente(I) ← R^+ ∩ R^-;

  Y ← Y – componente(I);

fim-fazer.

Vamos então executar o algoritmo com os dados do grafo acima:

  Y ← V; I ← 0; R^+ ← ∅; R^- ← ∅; I ← 1;

escolher v ← { 1 };

  W = ∅;

  R^+ ← { 1 };

enquanto W ≠ R^+ ∪ {N^+(R^+)} **fazer**

    N^+(1) = { 4 } ; R^+ ← { 1 } ∪ { 4 } = {1,4}; W ≠ R^+ (Teste de parada: <u>não</u>)

    W ← {1,4 };

    N^+(1,4) = { 5 }; R^+ ← { 1,4 } ∪ { 5 } = {1,4,5}; W ≠ R^+ (Teste de parada: <u>não</u>)

    W ← {1,4,5 };

    N^+(1,4,5) = ∅; R^+ ← { 1,4 } ∪ ∅ = {1,4,5}; W = R^+ (Teste de parada: <u>sim</u>)

fim fazer

    Com isso temos R^+(1) = { 1,4,5 }.

    Passamos ao fecho inverso, onde procuraremos os ascendentes:

    Y ← V;

escolher v ← { 1 };

    W ← ∅;

    R^- ← { 1 };

enquanto W ≠ R^- ∪ {N^-(R^-)} **fazer**

       N^-(1) = { 2 }; R^- = { 1 } ∪ { 2 } = { 1,2 }; W ≠ R^- (Teste de parada: <u>não</u>)

       W ← { 1,2 };

       N^-(1,2) = { 3 }; R^- = { 1,2 } ∪ { 3 } = { 1,2,3 }; W ≠ R^- (Teste de parada: <u>não</u>)

       W ← W = {1,2,3 };

       N^-(1,2,3) = { 6 }; R^- = { 1,2,3 } ∪ { 6 } = { 1,2,3,6 }; W ≠ R^- (Teste de parada: <u>não</u>)

       W ← { 1,2,3,6 };

       N^-(1,2,3,6) = ∅; R^- = { 1,2,3,6 } ∪ ∅ = { 1,2,3,6 }; W = R^- (Teste de parada: <u>sim</u>)

fim fazer.

Logo R⁻ (1) = { 1,2,3,6 }.

Portanto R⁺(1) ∩ R⁻(1) = { 1,4,5 } ∩ { 1,2,3,6 } = { 1 }.

Agora teremos Y ← Y – { 1 } = { 2,3,4,5,6 }, I ← 2 e se pode reiniciar o algoritmo com o vértice seguinte (2).

Observação: O algoritmo não trabalha sobre os arcos, apenas determina em que componente cada vértice se situa. As relações de adjacência (correspondentes aos arcos) são as mesmas do grafo em sua forma inicial.

Ao final, obtemos as seguintes componentes f-conexas: { { 1 }, { 2,3,6 }, { 4,5 } }.

A formalização mostrada para o algoritmo é uma dentre outras disponíveis; mais adiante você encontrará outras formas para outros algorítmos.

Rearrumando o esquema do grafo, teremos

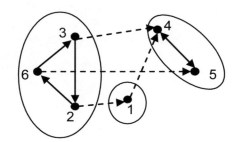

e o grafo reduzido é

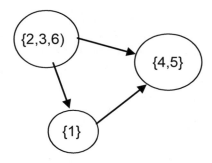

Observações:

1. No algoritmo, as palavras em **negrito** (como **enquanto**) são comandos a serem executados.
2. Pode-se notar que o algorítmo modifica o conteúdo do conjunto de vértices, que diminui a cada iteração: por isso, é conveniente trabalhar com a cópia Y de V.
3. A variável I é um ***indexador*** das componentes f-conexas.
4. O algorítmo pode ser aplicado a grafos não orientados, bastando neste caso executar a varredura uma só vez, não existindo a fase de interseção. O resultado será o particionamento do grafo em suas componentes conexas.
5. Se um grafo orientado for f-conexo, o algorítmo descobrirá isso em uma só iteração (porque existirá uma única componente). O mesmo ocorrerá com um grafo não orientado conexo.

2.5 Conectividade

Esta noção se aplica a grafos não orientados (que, como vimos, apenas podem ser conexos ou não conexos).

A ideia, ao se falar de conectividade, é a de se dizer "quanto" um grafo conexo é "mais conexo" que outro grafo.

A *conectividade* (ou *conectividade de vértices*) $\kappa(G)$ de um grafo G = (V,E) é o menor número de vértices cuja remoção desconecta G, *ou* o reduz a um único vértice. Este último caso é o dos grafos completos: uma vez que todo subgrafo induzido de um grafo completo é também completo, impossível de desconectar pela remoção de um vértice, teremos, ao final, $\kappa(K_n) = n - 1$.

Se G não for completo, haverá dois vértices v e $w \in V$ não adjacentes; então, removendo todos os outros, o resultado será um grafo não conexo; logo,

$$\kappa(G) \leq n-2 \qquad \forall\, G \neq K_n$$

Um limite superior fácil de obter é

$$\kappa(G) \leq \delta(G),$$

Grafos: introdução e prática 33

uma vez que este é o número de arestas exigido para se separar um vértice de grau mínimo.

Diz-se que um grafo é *h-conexo*, se $\kappa(G) \geq h$, $h \geq 1$. Logo, se $t \geq r$, um grafo t-conexo é também r-conexo (um grafo 3-conexo é também 2-conexo, por exemplo). O limite inferior para h existe porque, embora se possa dizer que um grafo não conexo seria 0-conexo, essa ideia não faria sentido para os grafos conexos.

Esta quantificação associada à noção de conectividade tem a ver com a situação dos percursos no grafo. Para vermos como isso se passa, usaremos a seguinte definição:

Definição: Dois percursos entre os vértices *v* e *w* em um grafo são *internamente disjuntos* se eles se tocarem apenas em *v* e *w*.

A partir dessa ideia, temos o seguinte teorema, que apresentamos sem demonstração:

Teorema 2.1 Um grafo G = (V,E) é h-conexo se e somente se para todo par v, w $\in$ V, v $\neq$ w, existirem ao menos h percursos μ_{vw} internamente disjuntos em G. ∎

Exemplos:

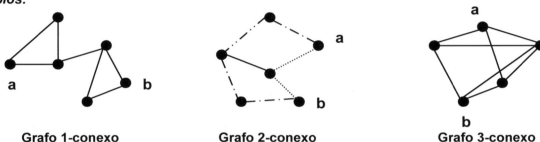

Grafo 1-conexo   Grafo 2-conexo   Grafo 3-conexo

Podemos observar que, entre os vértices a e b, não há dois percursos internamente disjuntos no primeiro grafo (a ponte garante isso); já no segundo grafo, existem dois percursos internamente disjuntos (marcados com pontilhado e tracejado). O terceiro grafo é uma pirâmide de base quadrada, podendo-se ir, por exemplo, de a a b por dois percursos na base e por um terceiro que passa pelo ápice da pirâmide *(Verifique que neste grafo há 3 percursos internamente disjuntos para todo par de vértices)*.

Uma conectividade elevada traz propriedades interessantes para um grafo: ver, por exemplo, a dualidade planar (*ver o Capítulo 9*).

Exercícios – Capítulo 2

Estes exercícios envolvem tópicos discutidos nos dois primeiros capítulos.

1. Considere o grafo abaixo:

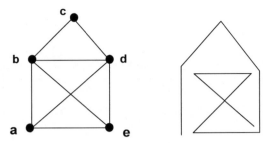

a) Você consegue desenhá-lo ao lado sem tirar o lápis do papel? Tem que ir de vértice a vértice e só pode passar em cada aresta uma vez. (Uma solução é apresentada; podemos codificá-la como **abcdeadbe**).

   Encontre outras duas soluções e apresente suas codificações.

b) Construa a lista de adjacência deste grafo.

c) Construa a matriz de adjacência deste grafo.

d) Construa a matriz de incidência deste grafo.

e) Verifique se **adcbedbae** é uma solução *sem usar o desenho* (pista: use o item b). Observe que sua resposta é também válida para **eabdebcda** (por quê?).

   Verifique (sem usar o desenho) se **cdbeadeab** é uma solução.

   Explique o seu procedimento. Você acha que um computador, convenientemente programado, poderia realizar esta verificação?

f) Vamos numerar as arestas de 1 a 8 de forma que elas fiquem em ordem lexicográfica (isto é: **ae** vem antes de **bc**, como no dicionário).

   A solução apresentada acima pode ser codificada como 14783256 (verifique).

   Como você codificaria as soluções que encontrou?

   Como você codificaria as seqüências do item (e)?

   Observe que todas as seqüências têm os números de 1 a 8 sem repetição.

g) 12345678 é uma solução?

   12345687 é uma solução?

   35742861 é uma solução?

   Descreva como se poderia reconhecer se uma seqüência é ou não uma solução *sem usar o desenho*.

   Explique o seu procedimento. Você acha que um computador, convenientemente programado, poderia realizar esta verificação?

Grafos: introdução e prática   35

h) Quantas seqüências você poderia formar?

i) Se um computador puder examinar 1 000 000 de seqüências por segundo, quanto tempo ele precisaria para descobrir **todas** as soluções?

j) Imagine agora um grafo com 20 arestas. Quantas seqüências você poderia formar?

k) Se um computador puder examinar 1 000 000 de seqüências por segundo, quanto tempo ele precisaria para descobrir **todas** as soluções?

2. Faça o mesmo exercício até o item (i) usando o grafo *orientado* abaixo:

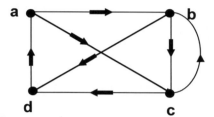

No item (a), o caminho dado é **acbdabcd**.

No item (e), o caminho a verificar é **acdabcbd** e não há um caminho automaticamente válido. Verifique, porém, se **abdacbda** é válido.

No item (f), numerando de 1 a 7, a solução dada é 1354726 (verifique).

No item (g), considere as mesmas sequências, sem o número 8.

E responda aos itens (h) e (i).

3. Considere o grafo abaixo:

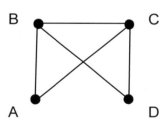

a) Construa a lista de adjacência deste grafo.

b) Construa a matriz de adjacência A deste grafo.

c) Construa a matriz de incidência B deste grafo.

d) Calcule o produto A^2. O que significam os números na diagonal? Explique porquê isto acontece.

e) Calcule o produto $B.B^t$.

O que significam os números na diagonal? Explique porque isto acontece.

O que significam os números FORA da diagonal? Explique porque isto acontece.

f) Calcule o produto $B^t.B$.

O que significam os números na diagonal? Explique porque isto acontece.

O que significam os números FORA da diagonal? Explique porque isto acontece.

4. Transforme a primeira lista de adjacência da pág. 18 em uma lista não simétrica, para economizar índices.

5. Leia o tópico sobre *grafo complementar* (pág. 21) e construa os grafos-universo orientado e não orientado, com 4 vértices (logo, correspondentes aos grafos da figura).

Quantas arestas tem um grafo completo não orientado, em relação ao número de vértices?

E o orientado, quantos arcos tem?

6. (a) Mostre que a soma dos graus de um grafo não orientado é igual ao dobro do seu número de arestas.

(b) Mostre que o número de vértices de grau ímpar de um grafo não orientado é sempre par.

7. Levando em conta a existência ou não de orientação, determine os graus e semigraus dos vértices dos grafos mostrados no capítulo.

8. a) Mostre que um grafo bipartido não tem ciclos ímpares.

b) A recíproca é verdadeira?

c) Use o item (a) para mostrar que os dois grafos abaixo não são isomorfos:

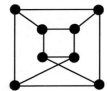
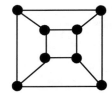

9. Observe os grafos na figura abaixo e procure respostas para as perguntas que se seguem. Note que, em cada grafo, um dado percurso foi realçado com linhas inteiras (não tracejadas).

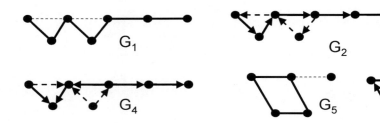
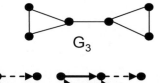

a) Classifique, com os elementos que puder usar, os percursos assinalados com linhas mais grossas em todos os grafos (à exceção de G_3).

b) Indique percursos simples e não simples em G_3.

c) Você diria que os percursos fechados em G_6 e G_7 são ciclos? Que são circuitos?

d) Todo percurso elementar é simples. Será que todo percurso simples é elementar?

e) Indique percursos não elementares nos grafos G_5 a G_7.

10. Examine o grafo com o exemplo de clique mostrado no item 2.3 e ache o grafo complementar dele. Que conclusão pode ser obtida através desse grafo?

Coloque as arestas que faltam no grafo bipartido dado como exemplo para torná-lo completo e ache o complementar do grafo bipartido original.

Grafos: introdução e prática 37

11. a) Construa dois grafos de 5 vértices e 8 arestas que não sejam isomorfos. Indique o raciocínio usado.

b) Com o mesmo número de vértices e com 7 arestas quantos grafos não isomorfos podemos ter?

12. Construa um grafo com 10 vértices e graus (9,7,6,4,3,3,3,1,1,1), ou mostre ser impossível construí-lo.

13. Mostre que não existem grafos $(2k-1)$-regulares com $2r-1$ vértices ($k, r \in \{1, 2, ...\}$).

14. Observe os exemplos do início do item 2.4, verifique o que foi dito e observe o que acontece em cada exemplo (no caso de G_1, sem dar atenção à direção dos arcos).

15. Experimente construir vários grafos orientados com os diferentes tipos de conexidade.

16. Mostre que num grafo sf-conexo existe sempre um caminho (não necessariamente simples) que passa por todos os vértices. Isto é verdade, também, para grafos f-conexos.

17. Considere o exemplo do algoritmo de Malgrange apresentado neste capítulo.

1. Execute de novo todo o algoritmo, especificando cada passo.
2. Construa o grafo reduzido do grafo processado pelo algoritmo.
3. Simetrize a matriz para tornar o grafo equivalente a um grafo não orientado e volte a executar o algoritmo.
4. Classifique o grafo original segundo seu tipo de conexidade.

18. Observe os grafos abaixo e procure determinar suas conectividades por inspeção. Explique o raciocínio utilizado.

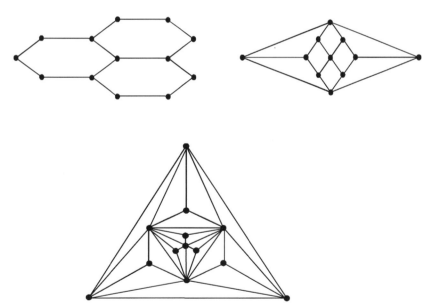

19. Vamos definir um grafo *antirregular* como um grafo que possua o maior número possível de graus diferentes.

a) Quantos graus diferentes terá um grafo antirregular com n vértices?
b) Que peculiaridade tem a sequência de graus de um grafo antirregular?
c) Construa grafos com 8 e com 9 vértices que atendam a essa definição.

Grafos : introdução e prática

> *Meu caminho é de pedra*
> *Como posso sonhar...*
> Milton Nascimento
> Travessia

Capítulo 3 : Problemas de caminhos

3.1 Problemas de caminho mínimo

Em uma aplicação qualquer (como quando consultamos um mapa), pode-se dizer à primeira vista que **achar um caminho** é algo que dispensa explicações : estamos, por exemplo, em uma cidade e queremos ir a outro lugar, um hotel de turismo no campo, outra cidade, ou a algum outro lugar dentro da mesma cidade. Teremos apenas que decidir o modo de transporte a usar – carro, ônibus, trem, ou mesmo a pé (este, se não for muito longe).

Esta simplicidade é enganosa, a menos que nossa procura de caminho envolva apenas um bucólico passeio por uma trilha, ou em um parque.

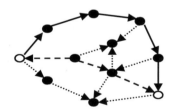

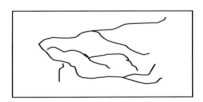

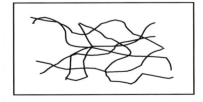

De fato, nem na vida diária a questão é assim tão simples, porque deslocamentos custam dinheiro e isso nos leva imediatamente a pensar em **custos** e a desejar gastar a menor quantia possível. Além disso, se nos deslocarmos a pé em uma cidade, não teremos que nos preocupar com a "mão" das ruas, ao passo que utilizando um carro isto passa a ser obrigatório e isso, evidentemente, vai influir sobre o itinerário a ser usado.

Existem outras situações. Por exemplo, podemos ter que **passar obrigatoriamente por um ou mais lugares**, antes de atingirmos o ponto desejado. Podemos, ainda, ter **várias alternativas** de destino, como locais de diversão ou de consumo, que nos ofereçam aquilo que desejamos. A decisão final, neste último caso, passa por diversas considerações, em geral relacionadas à distância e à expectativa do trânsito a encontrar no percurso. Mas é claro que, para essa escolha, precisaremos de informações sobre **mais de um** caminho mínimo.

Enfim, pode aparecer uma situação mais complicada, como a de uma empresa de transportes que atenda a diversas cidades, que evidentemente terá interesse em conhecer um conjunto de caminhos de menor custo entre elas, para utilizá-lo em seus trajetos.

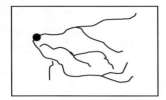

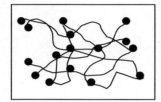

O objetivo básico, neste problema, **na linguagem de grafos**, consiste em encontrar o **caminho** de menor custo – por um *critério* dado – entre dois vértices quaisquer de um grafo G = (V,E), orientado ou não.

As discussões acima nos indicam que existem, pelo menos, três tipos de subproblemas de caminhos mínimos a serem examinados :

- **entre dois vértices dados** (como acima) ;
- **de um** vértice dado a **cada um** dos demais vértices ;
- **unindo cada par de vértices** do grafo.

Observe nas figuras ao lado esquemas dos três subproblemas.

Por questões operacionais (ligadas aos algoritmos usados) os dois primeiros subproblemas são considerados, em geral, como um único. Isto ocorre porque, na maioria dos casos, a resolução do primeiro exige a do segundo. Veremos isso em maior detalhe ao discutirmos os algoritmos.

3.2 Algoritmos para achar caminhos mínimos

3.2.1 O algoritmo de Dijkstra

As cidades de uma região tem as seguintes distâncias entre elas (em quilômetros) :

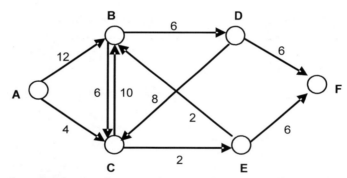

Observe que, por motivos de direção das estradas, o grafo não é simétrico. Uma distribuidora de jornais está se instalando na cidade **A** e gostaria de saber qual a menor distância até cada uma das cidades bem como os percursos correspondentes.

Este tipo de problema pode ser solucionado pelo **_algoritmo de Dijkstra_**, que pode ser descrito assim:

> Procuramos a cidade *mais próxima* de **A**.
>
> Depois, sucessivamente, procuramos entre as cidades não visitadas aquela que tem a *menor distância* desde **A**, diretamente ou passando por alguma cidade já visitada, anotando sempre o percurso escolhido.

Vamos aplicar esta ideia ao nosso caso.

Observação importante: estamos considerando que nunca teremos distâncias negativas. Se alguma delas aparecer, fica claro que há erro nos dados. Além disso, este algoritmo não funciona nesse caso.

Grafos : introdução e prática

Começamos por construir uma tabela de distâncias entre os vértices. Para os vértices não ligados consideraremos a distância como infinita, ou suficientemente grande para não atrapalhar o algoritmo. Usaremos, para este exemplo, o número 1000 para representar "infinito".

	A	B	C	D	E	F
A	0	12	4	1000	1000	1000
B	1000	0	6	6	1000	1000
C	1000	10	0	1000	2	1000
D	1000	1000	8	0	1000	6
E	1000	2	1000	1000	0	6
F	1000	1000	1000	1000	1000	0

Acompanhando o algoritmo, teremos:

Inicialização : A distância de **A** para todos os vértices é marcada como 1000 (um valor bem maior que os do problema), exceto para o próprio **A** (distância 0). Marcamos **A** com um asterisco porque ele é o nosso ponto de partida. A linha "Anterior" fica vazia, porque começamos agora.

	A*	B	C	D	E	F
Distância	0	1000	1000	1000	1000	1000
Anterior	-	-	-	-	-	-

Pergunta : Que cidades posso alcançar diretamente a partir de **A**? Qual a distância até elas?

Resposta: **B**, com distância 12 (o que é menor do que 1000); mudamos para 12.

               C, com distância 4 (o que é menor do que 1000); mudamos para 4.

Assinalamos essas respostas e suas conclusões em nossa tabela. Mais ainda, observe que a distância até **C** (4 unidades) **não pode ser melhorada** pois a alternativa seria passar por **B** (12 unidades) e já teríamos "estourado" a distância.

Isso quer dizer que não precisamos voltar a examinar o vértice **C**. Ele será **fechado** (com um asterisco *) e será o próximo ponto de partida a ser considerado.

Etapa 1 (passando por C):

	A*	B	C*	D	E	F
Distância	0	12	4	1000	1000	1000
Anterior	-	A	A	-	-	-

Pergunta : Que cidades posso alcançar diretamente a partir de **C**? Se passarmos por **C** qual a distância de **A** até elas?

Resposta: B, com distância 4 + 10 = 14 (maior do que 12, então ficamos com 12), e

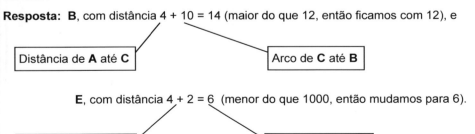

E, com distância 4 + 2 = 6 (menor do que 1000, então mudamos para 6).

Trocamos a distância (e o antecessor) de **E** mas ***mantemos a distância*** e o antecessor de **B**. O vértice **não marcado** com menor distância é **E**. Pelo mesmo critério, sua distância até **A** não poderá ser melhorada. Ele será fechado e será nossa base na próxima etapa.

Etapa 2 (passando por E):

	A*	B	C*	D	E*	F
Distância	0	12	4	1000	6	1000
Anterior	-	A	A	-	C	-

Pergunta : Que cidades posso alcançar diretamente a partir de **E**? Se passarmos por **E** qual a distância de **A** até elas?

Resposta: **B**, com distância 6 + 2 = 8 (menor do que 12, então mudamos para 8), e

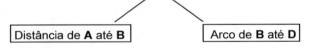

F, com distância 6 + 6 = 12 (menor do que 1000, então mudamos para 12).

O vértice a ser fechado será **B**.

Etapa 3 (passando por B):

	A*	B*	C*	D	E*	F
Distância	0	8	4	1000	6	12
Anterior	-	E	A	-	C	E

Pergunta : Que cidades posso alcançar diretamente a partir de **B**? Se passarmos por **B** qual a distância de **A** até elas?

Resposta: **D**, com distância 8 + 6 = 14 (o que é menor do que 1000); mudamos para 14.

| Distância de **A** até **B** | | Arco de **B** até **D** |

Embora tenhamos caminho de **B** para **C**, este último vértice já estava fechado.

O vértice a ser fechado será **F**.

Etapa 4 (passando por F):

	A*	B*	C*	D	E*	F*
Distância	0	8	4	14	6	12
Anterior	-	E	A	B	C	E

De **F** não chegamos a lugar algum.

Sendo assim, para completar, fechamos o último vértice, sem outras modificações.

Etapa 5 (final) :

	A*	B*	C*	D*	E*	F*
Distância	0	8	4	14	6	12
Anterior	-	E	A	B	C	E

Grafos : introdução e prática 43

A tabela final (todos marcados com *) nos permite recuperar as distâncias e os percursos. Por exemplo, para ir de **A** até **B** devemos passar por **E**; mas para passar por **E** devemos passar por **C**; finalmente o antecessor de **C** é **A**. O percurso é **A-C-E-B**.

Três observações:

- Cada vértice que fechamos tem uma *distância de fechamento* (que é a *distância mínima* desde a origem até ele) *igual ou maior* que a do vértice fechado antes dele. Observe as sucessivas tabelas obtidas.

- Este algoritmo *não garante um resultado correto* se algum arco tiver *valor negativo*: pode acontecer que, em uma dada etapa, este arco esteja *unindo nosso vértice-base* a um vértice *já fechado*. Neste caso o *novo custo* deste vértice já fechado será *menor que o anterior* – o que invalida a afirmação de que um vértice fechado não pode ter seu custo melhorado. O algoritmo não descobrirá o erro, porque não reexamina vértices fechados, logo não mais poderemos ter confiança nos fechamentos, nem nos custos obtidos a partir deles.

- <u>Muito importante:</u> Falar em *distância correta* nos traz a necessidade de definir <u>formalmente</u> o que é distância em um grafo, o que ainda não fizemos. Portanto:

  ✓ Diremos que a *distância* d_{ij} do vértice *i* ao vértice *j* é <u>infinita</u> se não existir no grafo um caminho de *i* para *j* e é <u>finita</u> se ele existir; neste caso, ela será igual ao valor do <u>menor caminho</u> entre *i* e *j* (nula se *i* = *j*).

Podemos mostrar o resultado final em forma de <u>arborescência</u> (ver o *Capítulo 4*). Os arcos que pertencem à arborescência que contém os caminhos mínimos estão realçados (mais grossos) na figura abaixo.

Observe que, se somarmos os valores dos arcos da arborescência que levam de **A** a cada um dos demais vértices, obteremos exatamente os valores indicados na última tabela.

Cabe notar que este processo funciona de forma análoga com grafos não orientados: apenas teremos que levar em conta os dois sentidos em cada aresta.

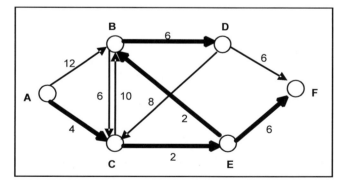

Para terminar, vamos ver como fica o nosso algoritmo, expresso formalmente. Ele usa um vetor chamado *anterior*, para dar conta da última linha das tabelas que construimos. O conjunto A (*Aberto*) contém todos os vértices no início e o F (*Fechado*) é vazio. (Usamos índices numéricos para os vértices, ao invés de letras, em ordem correspondente à ordem alfabética).

Algoritmo
início
    $d_{11} \leftarrow 0$; $d_{1i} \leftarrow \infty \ \forall \ i \in V - \{\ 1\ \}$; [origem-origem zero; distâncias infinitas a partir da origem]
    $A \leftarrow V$; $F \leftarrow \varnothing$; *anterior* (i) $\leftarrow 0 \ \forall \ i$;
    enquanto $A \neq \varnothing$ **fazer**
        início

$r \leftarrow v \in V \mid d_{1r} = \min_{i \in A}[d_{ij}]$ [acha o vértice mais próximo da origem]
$F \leftarrow F \cup \{r\}; A \leftarrow A - \{r\};$ [o vértice r sai de **Aberto** para **Fechado**]
$S \leftarrow A \cap N^+(r)$ [S são os **sucessores** de r *ainda abertos*]
para todo $i \in S$ **fazer**
   início
      $p \leftarrow \min[d_{1i}^{k-1},(d_{1r} + v_{ri})]$ [compara o valor anterior com a nova soma]
      se $p < d_{1i}^{k-1}$ **então**
         início
            $d_{1i}^k \leftarrow p;$ *anterior* $(i) \leftarrow r;$ [ganhou a nova distância !]
         fim;
   fim;
fim;
fim.

O problema do algoritmo de Dijkstra com os arcos negativos nos leva a apresentar outro capaz de apresentar resultados corretos em presença desses arcos. Em compensação, ele não é tão rápido quanto o de Dijkstra.

Paciência... ele nos vai ser útil, ao lidarmos com fluxos (*Capítulo 7*).

3.2.2 O algoritmo de Bellmann-Ford

Este algoritmo trabalha com os **arcos** do grafo – ou seja, vai procurá-los, um após o outro, em uma ordem dada, para ver se algum deles melhora algum caminho da origem até a chegada do arco.

Ele aceita arcos de valor negativo, porque nada fica sem reexame e termina quando uma rodada com todos os arcos não mostrar nenhuma melhora.

Exemplo: seja o grafo abaixo.

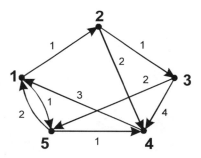

O algoritmo é muito simples: vamos começar por mostrá-lo.

Algoritmo
início
   $d_{11} \leftarrow 0; d_{1i} \leftarrow \infty \;\forall\; i \in V - \{1\};$ *anterior* $(i) \leftarrow 0 \;\forall\; i;$
   enquanto $\exists (j,i) \in A \mid d_{1i} > d_{1j} + v_{ji}$ **fazer**   [varre todos os arcos aplicando o critério]
   início
      $d_{1i} \leftarrow d_{1j} + v_{ji};$ anterior $(i) \leftarrow j;$
   fim;
fim.

Vamos aplicar o algoritmo, mostrando os valores obtidos e suas modificações quando ocorrerem.

    (**1,2**): $d_{12}(\infty) > d_{11}(0) + v_{12}(1) \rightarrow d_{12} = 1$ *anterior* $(2) = 1$

    (**1,5**): $d_{15}(\infty) > d_{11}(0) + v_{15}(1) \rightarrow d_{15} = 1$ *anterior* $(5) = 1$

Grafos : introdução e prática

(2,3): d_{13} (∞) > d_{12} (1) + v_{23} (1) → d_{13} = 2 *anterior* (3) = 2

(2,4): d_{14} (∞) > d_{12} (1) + v_{24} (2) → d_{14} = 3 *anterior* (4) = 2

(3,4): d_{14} (3) < d_{13} (2) + v_{34} (4) → sem modificação

(3,5): d_{15} (1) < d_{13} (2) + v_{35} (2) → sem modificação

(4,1): d_{11} (0) < d_{14} (3) + v_{41} (3) → sem modificação

(5,1): d_{11} (0) < d_{15} (1) + v_{51} (2) → sem modificação

(5,4): d_{14} (3) > d_{15} (1) + v_{54} (1) → d_{14} = 2 *anterior* (4) = 5

Para termos certeza do resultado, fazemos uma segunda rodada (iteração) usando os novos valores obtidos.

(1,2): d_{12} (1) = d_{11} (0) + v_{12} (1) → sem modificação

(1,5): d_{15} (1) = d_{11} (0) + v_{15} (1) → sem modificação

(2,3): d_{13} (2) = d_{12} (1) + v_{23} (1) → sem modificação

(2,4): d_{14} (2) < d_{12} (1) + v_{24} (2) → sem modificação

(3,4): d_{14} (2) < d_{13} (2) + v_{34} (4) → sem modificação

(3,5): d_{15} (1) < d_{13} (2) + v_{35} (2) → sem modificação

(4,1): d_{11} (0) < d_{14} (3) + v_{41} (3) → sem modificação

(5,1): d_{11} (0) < d_{15} (1) + v_{51} (2) → sem modificação

(5,4): d_{14} (2) = d_{15} (1) + v_{54} (1) → sem modificação

Agora podemos ter certeza que acabou. O vetor *anterior* tem, neste caso, o conteúdo (0, 1, 2, 5, 1).

Aqui, convém discutir um probleminha meio estranho, que é o dos *circuitos de valor negativo*.

Um circuito negativo em um grafo indica, habitualmente, algum erro nos dados: não pode haver na prática uma situação na qual a passagem por um circuito diminua o custo, porque isso faria com que o o agente envolvido (e também o algoritmo) passasse infinitas vezes nesse circuito, reduzindo o custo a cada volta. Por outro lado, há situações em que, ao se usar um algoritmo de caminho mínimo como auxiliar de outro algoritmo, poderá aparecer um desses circuitos, em uma situação temporária.

Dentro do que nos propomos neste capítulo, vale a hipótese de erro: não consideramos outro tipo de situação.

O algoritmo de Bellmann-Ford fornece sua resposta em no máximo *n* iterações (*n* sendo o número de vértices): esta resposta corresponde ao fato que ele estará, ainda, mudando valores de caminhos. Se a iteração-teste feita depois disso ainda mostrar mudanças nos custos, haverá um circuito negativo no grafo (e ficará claro que as mudanças não irão acabar nunca).

Uma aplicação do algoritmo de Bellmann-Ford

Uma aplicação, a princípio inesperada, do algoritmo de Bellmann-Ford, é a comparação de trechos de cadeias de DNA. Dizemos "a princípio" pois, se pensarmos no modelo do DNA como um código com apenas 4 símbolos (A,C,G,T), é natural pensar que os algoritmos combinatórios possam nos prestar serviço. E isso de fato acontece. Mostraremos, de forma *muito* simplificada, as bases desse processo.

O DNA nos traz informações sobre as espécies e sua evolução. É natural pensar que o mesmo trecho do DNA que regula, por exemplo, a insulina em humanos, guarde semelhança com o de outros mamíferos, a menos de algumas mutações. As principais mutações são resultado de trocas (p.ex. A por T) ou supressão de letras (p.ex. AGTG ⇒ ATG).

Por exemplo, se quisermos comparar as seqüências AGCGT e CAGT, os trechos tem tamanhos diferentes e só podem ser alinhados se fizermos a hipótese de uma supressão, comumente chamada de "gap". A figura abaixo mostra possíveis alinhamentos, usando um ou dois gaps.

AGCGT	AGCGT	AGCGT	AGCGT
-CAGT	C-AGT	CA-GT	CAG-T
AGCGT	AGCG-T	-AGCGT	AGC-GT
CAGT-	C--AGT	C--AGT	--CAGT

Qual deles é o melhor? Para tomar esta decisão, os biólogos propõem uma pontuação:

- +2 se alinharmos letras iguais
- -1 se alinharmos letras diferentes
- -2 se alinharmos letra com gap
- -500 se alinharmos dois gaps

Assim podemos achar o <u>ganho</u> de um alinhamento. Por exemplo, o de AGCGT com –CAGT seria

$$-2-1-1+2+2=0.$$

Observação: Nesta pontuação fictícia os biólogos estão sinalizando que é menos provável uma supressão do que uma troca e que não é aceito gap sobre gap (500 faz o papel de "infinito computacional").

Podemos produzir **todos** os alinhamentos usando uma árvore (veja o capítulo seguinte). Apresentamos abaixo as duas primeiras ramificações referentes a um alinhamento que comece com AG e CA, admitindo-se a possibilidade de "gaps":

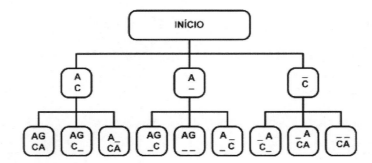

O problema é que esse procedimento é exponencial (a árvore teria cerca de 3^t vértices, sendo t o comprimento da maior cadeia). Vamos usar uma adaptação do algoritmo de Bellmann-Ford, construindo um grafo sem circuitos e com arcos valorados. Cada alinhamento terá uma relação biunívoca com um caminho neste grafo. Nestas condições poderemos usar o algoritmo para encontrar o caminho com **maior ganho** (no lugar de menor custo), usando o mesmo mecanismo.

Como o grafo é construído? Utilizamos a figura abaixo, começando apenas com os vértices (os quadrados). A primeira linha e a primeira coluna correspondem aos gaps. Aqui, colocaremos apenas os arcos de que precisarmos.

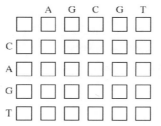

Os caminhos começam sempre no quadrado mais à **esquerda** da fila de cima. Os movimentos permitidos são :

- *Para a direita* com valor -2 (significa letra de cima alinhada com *gap*)
- *Para baixo* com valor -2 (significa *gap* alinhado com letra da esquerda)
- *Na diagonal* de cima para baixo (significa *letra de cima* alinhada com *letra da esquerda*)
  - Se as letras de destino forem iguais o valor será +2 (de acordo com o definido acima).
  - Se as letras de destino forem diferentes o valor será igual a -1.

Por exemplo, o caminho abaixo

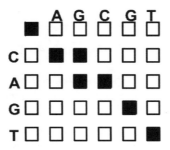

corresponde ao alinhamento AG–CGT sobre C– A–GT. Sua pontuação seria:

$$-1-2-2-2+2+2 = -3.$$

Para encontrar o caminho ótimo, usando o algoritmo, utilizamos um grafo auxiliar (os movimentos são sempre para a direita, para baixo ou em diagonal para baixo e para a direita:

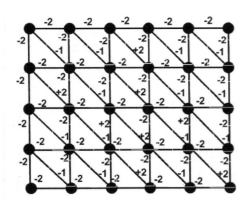
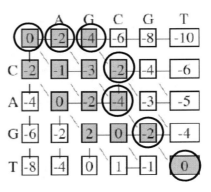

Temos vários caminhos ótimos com valor 0. Para efeito de algoritmo, privilegiamos o que passa mais à direita, preferindo fazer o "caminho de volta" principalmente para cima (observe os demais vértices em cinza), depois em diagonal e em último caso para a esquerda, o que nos daria o alinhamento assinalado **AGC-GT** sobre **- - CAGT**, que é ótimo; mas essa escolha é arbitrária.

3.2.3 A notação "O(.)"

Podemos observar que o algoritmo de Dijkstra inspeciona, para cada vértice, os seus sucessores abertos; diremos que, *no pior caso*, ele tem de examinar $n-1$ vértices para cada um dos n vértices que ele fecha. Isto nos dá uma ideia da sua complexidade por esse critério: diremos que ela é $O(n^2)$. Trata-se de uma forma segura de avaliar a complexidade: estamos dizendo, de fato, que ela é uma função quadrática do número de vértices – que, eventualmente, pode ser avaliada em maior detalhe, se isso interessar.. O assunto será discutido em maior detalhe no **Capítulo 4**.

Exercício: Examine o Bellmann-Ford e procura avaliar a sua complexidade por este critério,

3.2.4 O algorítmo de Floyd

Observe que estivemos procurando caminhos mínimos a partir da cidade A, porque este era nosso interesse. E se quisermos saber a distância de cada cidade a todas as outras, como iremos proceder?

A primeira ideia, para responder a essa pergunta, seria aplicar o algorítmo de Dijkstra a partir de cada um dos *n* vértices em separado.

Isto é verdade, e dá certo, e é eficiente.

Mas vale a pena lembrar que este algorítmo não gosta de valores negativos.

O *algorítmo de Floyd*, além de achar o caminho mais curto de cada vértice a todos os outros, não se incomoda com valores negativos nos arcos. E, se achar um circuito negativo, vai apenas indicar que ele existe.

Ele pode ser bem visualizado, olhando-se a matriz de valores do grafo. Vamos ver um exemplo.

Para adaptar a matriz de valores (que chamaremos D^0), ao uso pelo algoritmo, atribuiremos valores:

- infinitos às posições dos arcos que não existirem no grafo, para que o algorítmo não tente passar por eles. Como antes, poderemos usar um valor elevado (p. exemplo, 1000), mas neste texto usaremos o símbolo ∞;
- nulos à diagonal principal, porque não sair do lugar tem custo nulo.
- os mesmos dos arcos, nas posições correspondentes aos arcos que existirem.

E vamos construir uma matriz R^0 auxiliar (*matriz de roteamento*) que vai nos ajudar a saber por onde passam os caminhos. Nessa matriz, todo elemento de uma coluna tem de início o índice da coluna, menos os que correspondem aos "infinitos" da outra matriz. Estes elementos receberão valor zero.

Por que isso? Aguarde um pouco !

Logo ficará claro o porquê desse preenchimento e como a matriz é usada.

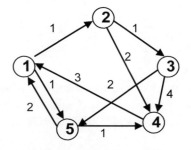

$$D^0 = \begin{array}{c|ccccc} & 1 & 2 & 3 & 4 & 5 \\ \hline & 0 & 1 & \infty & \infty & 1 \\ & \infty & 0 & 1 & 2 & \infty \\ & \infty & \infty & 0 & 4 & 2 \\ & 3 & \infty & \infty & 0 & \infty \\ & 2 & \infty & \infty & 1 & 0 \end{array} \qquad R^0 = \begin{array}{c|ccccc} & 1 & 2 & 3 & 4 & 5 \\ \hline & 1 & 2 & 0 & 0 & 5 \\ & 0 & 2 & 3 & 4 & 0 \\ & 0 & 0 & 3 & 4 & 5 \\ & 1 & 0 & 0 & 4 & 5 \\ & 1 & 0 & 0 & 4 & 5 \end{array}$$

O algorítmo de Floyd **não fecha vértices**.

Até o final, um vértice pode ser reexaminado para que se encontrem valores de novos caminhos. Por isso ele não é afetado por valores negativos nos arcos.

A cada iteração, ele utiliza um vértice diferente, para tentar inserí-lo em itinerários unindo outros vértices. Para descobrir isso, ele examina todos os pares de vértices (posições da matriz).

> Para dar um exemplo da sua estratégia, vamos examinar a posição (4,2) da matriz de valores acima. Ela tem valor infinito: *não existe* o arco (4,2).

Grafos : introdução e prática

Nesta *iteração 1*, iremos usar o *vértice 1* como *intermediário*: então, para (4,2), existem os arcos (4,1) e (1,2), com valores 3 e 1 respectivamente (observe que a *linha e a coluna 1* da matriz estão marcadas em cinza, para facilitar a visualização). Vamos chamar essa linha e essa coluna de *linha-base e coluna-base*.

Ora, (4,1) e (1,2) formam um caminho (de comprimento 4) entre 4 e 2, logo este valor *ganha* do infinito que estava na matriz. Aqui, não há caminho direto de 4 a 2, mas se houvesse uma aresta mais cara (p. ex., de valor 5), ela seria evitada (*perderia*).

O mesmo acontece com as posições (5,2) e (4,5), para as quais podemos encontrar caminhos de comprimento 3 e 4.

Isto significa que essas posições, agora, guardam os valores de *caminhos formados de 2 arcos*.

As demais posições <u>não se alteram</u>: por exemplo, para (4,3) há um valor infinito em (1,3) – que impede qualquer mudança na sua coluna.

Então trocamos os valores modificados e a nova matriz será:

$$
\mathbf{D}^1 =
\begin{array}{ccccc}
1 & 2 & 3 & 4 & 5 \\
\hline
0 & 1 & \infty & \infty & 1 \\
\infty & 0 & 1 & 2 & \infty \\
\infty & \infty & 0 & 4 & 2 \\
3 & \underline{4} & \infty & 0 & \underline{4} \\
2 & \underline{3} & \infty & 1 & 0 \\
\hline
\end{array}
$$

Os valores modificados estão sublinhados e as novas linha e coluna-base (2) sombreadas.

E como se registra isso na matriz de roteamento?

Muito simples: para cada posição que sofreu mudança de $\mathbf{D}^0$ para $\mathbf{D}^1$, vamos *puxar* o índice que está na coluna-base da primeira iteração (ou seja, a coluna 1), na mesma linha. Então (4,2), (5,2) e (4,5) receberão o valor 1, que está escrito na coluna 1 nas linhas respectivas.

$$
\mathbf{R}^1 =
\begin{array}{ccccc}
1 & 2 & 3 & 4 & 5 \\
\hline
1 & 2 & 0 & 0 & 5 \\
0 & 2 & 3 & 4 & 0 \\
0 & 0 & 3 & 4 & 5 \\
1 & \underline{1} & 0 & 4 & \underline{1} \\
1 & \underline{1} & 0 & 4 & 5 \\
\hline
\end{array}
$$

Na iteração seguinte, usaremos o *vértice 2* como intermediário.

E vamos ver que as posições (1,3), (1,4), (4,3) e (5,3) sofrerão alteração. Vamos usar a notação v_{ij} para indicar os valores das posições da matriz:

Para (1,3): $v_{12} + v_{23}$ é *menor* que v_{13} (1 + 1 = 2 < ∞): então *escrevemos* 2 em v_{13}.

Para (1,4): $v_{12} + v_{24}$ é *menor* que v_{14} (1 + 2 = 3 < ∞): então *escrevemos* 3 em v_{14}.

Para (4,3): $v_{42} + v_{23}$ é *menor* que v_{43} (4 + 1 = 5 < ∞): então *escrevemos* 5 em v_{43}.

Para (5,3): $v_{52} + v_{23}$ é *menor* que v_{13} (3 + 1 = 4 < ∞): então *escrevemos* 4 em v_{53}.

50
Capítulo 3: Problemas de caminhos

Agora, o resultado será diferente:

Para (5,4) : $v_{52} + v_{24}$ é *maior* que v_{54} (3 + 2 = 5 > 1) :   então *mantemos* 1 em v_{54}.

O valor de (5,4) *ganhou* da soma e foi mantido. Observe que (3,1) "empata" com o valor da soma, porque nela aparece um termo infinito.

Vamos mostrar, lado a lado, as duas matrizes. (Confira a determinação de valores feita acima).

$\mathbf{D}^2 =$

	1	*2*	*3*	*4*	*5*
	0	**1**	2	3	1
	∞	**0**	1	2	∞
	∞	∞	0	4	2
	3	**4**	5	0	4
	2	**3**	4	1	0

$\mathbf{R}^2 =$

	1	*2*	*3*	*4*	*5*
	1	2	**2**	**2**	5
	0	2	3	4	0
	0	0	3	4	5
	1	1	**1**	4	1
	1	1	**1**	4	5

Nesta iteração temos k = 2.

Veja que a posição (1,2) em $\mathbf{R}^1$ contém 2: este valor será escrito nas posições (1,3) e (1,4) em $\mathbf{R}^2$, indicando que os caminhos mínimos encontrados, entre 1 e 3, e entre 1 e 4, passam por 2.

Por outro lado, as posições (4,2) e (5,2) em $\mathbf{R}^1$ contém 1: este valor será escrito em (4,3) e (5,3), indicando que os caminhos mínimos entre 4 e 3 e entre 5 e 3 passam por 1.

Vamos insistir nisso : como observamos antes, o conteúdo da posição pode não ser igual ao índice *k* da iteração, ele pode ter sido modificado numa iteração anterior.

Já sabemos que a próxima iteração vai usar o vértice 3 como intermediário. A partir da matriz $\mathbf{D}^2$ obtemos uma única modificação (*Verifique !*):

Para (2,5): $v_{23} + v_{35}$ é menor que v_{25} (1 + 2 = 3 < ∞): então escrevemos 3 em v_{25}.

Veja adiante as matrizes que resultam dessa terceira iteração.

$\mathbf{D}^3 =$

	1	*2*	*3*	*4*	*5*
	0	1	2	3	1
	∞	0	1	2	3
	∞	∞	0	4	2
	3	4	5	0	4
	2	3	4	1	0

$\mathbf{R}^3 =$

	1	*2*	*3*	*4*	*5*
	1	2	2	2	5
	0	2	3	4	**3**
	0	0	3	4	5
	1	1	1	4	1
	1	1	1	4	5

Observação: De novo, observe que, se existir um *infinito* na linha ou na coluna da vez, ele vai inibir toda modificação na coluna e na linha correspondentes (todos ganham dele). Isto pode apressar a execução do algoritmo, quando feita manualmente: as posições correspondentes não precisam ser examinadas.

As matrizes finais são as seguintes:

$\mathbf{D}^5 =$

	1	*2*	*3*	*4*	*5*
	0	1	2	2	1
	5	0	1	2	3
	4	5	0	3	2
	3	4	5	0	4
	2	3	4	1	0

$\mathbf{R}^5 =$

	1	*2*	*3*	*4*	*5*
	1	2	2	5	5
	4	2	3	4	3
	5	5	3	5	5
	1	1	1	4	1
	1	1	1	4	5

Grafos : introdução e prática

51

Podemos ver, por exemplo (em $\mathbf{D}^5$), que o valor do menor caminho entre 5 e 3 é 4.

Olhando a posição (5,3) em $\mathbf{R}^5$ encontramos 1: logo, 1 é o vértice seguinte a 5 nesse caminho.

Então procuramos (1,3) e achamos 2, que é o vértice seguinte a 1. Vamos então para (2,3) e achamos 3, que é o nosso objetivo.

Logo, o menor caminho entre 5 e 3 é (5,1,2,3).

Finalmente, nossa formalização:

> **início** <dados G = (V,E); matriz de valores V(G); matriz de roteamento **R** = [r_{ij}];
> > $r_{ij} \leftarrow j \quad \forall i$; $\mathbf{D}^0$ = [d_{ij}] $\leftarrow$ V(G);
> > **para** k = 1, ..., n **fazer**   [k é o **_vértice-base_** da iteração]
> > > **início**
> > > > **para todo** i, j = 1, ..., n **fazer**
> > > > > **se** $d_{ik} + d_{kj} < d_{ij}$ **então**
> > > > > > **início**
> > > > > > > $d_{ij} \leftarrow d_{ik} + d_{kj}$;
> > > > > > > $r_{ij} \leftarrow r_{ik}$;
> > > > > > **fim**;
> > > **fim**;
> **fim.**

Falta apenas aplicar a notação O(.) ao algoritmo. Podemos observar que, para cada vértice-base, ele inspeciona as n^2 casas da matriz; portanto, a sua complexidade é $O(n^3)$, o que é natural neste tipo de algoritmo.

3.3 Uma aplicação a problemas de localização

Os algorítmos de caminho mínimo permitem a resposta a uma pergunta comum: se temos que escolher um local em uma cidade, ou em uma área rural, para ali colocar uma dada instalação de serviço destinada a atender a parte ou toda a cidade, ou à área que consideramos, exatamente onde essa instalação deverá ser localizada de modo a que ela funcione o melhor possível para nós e para os nossos clientes?

É claro que o uso desses algorítmos – especialmente o de Floyd, por achar diretamente os custos envolvendo todos os pares de vértices – deverá ser considerado na resolução desse problema. Há, no entanto, dois detalhes a observar:

1   em princípio, poderemos pensar, apenas, em localizar uma única instalação. Isto porque as considerações sobre as distâncias a percorrer estarão ligadas a um único vértice (a ser determinado). Com p instalações (p > 1) a complexidade combinatória do problema aumenta, porque teremos de achar a menor distância entre um dado conjunto de p vértices e os $n - p$ restantes. Se soubermos o valor de k (quantas instalações queremos), teremos $C_{n,p}$ possibilidades a examinar (o que já aumenta bastante o trabalho), mas se não o conhecermos e quisermos achá-lo, o problema se tornará muito mais complexo (eventualmente de _complexidade exponencial_: lembre que a _soma das combinações_ $C_{n,k}$, para todo k, é uma potência de 2, como se vê na fórmula do _binômio de Newton_).

2   além disso, há o critério a ser utilizado, que depende da natureza da instalação. Há dois critérios mais comuns, que são:

> o   o _critério de lucro_, aplicável a instalações cuja prestação de serviços envolve um ganho financeiro, como fábricas, armazéns etc.. Neste caso, queremos _minimizar_ o custo total do transporte a partir do local a ser escolhido. Neste caso, levaremos em consideração as somas de distâncias a partir de cada vértice. O problema é conhecido como um problema de _mediana_ ou de _mini-soma_.

o o *critério de emergência*, aplicável a instalações destinadas à prestação de serviços dessa natureza, tais como hospitais, postos de saúde, quartéis de bombeiros etc.. Neste caso, queremos garantir que o usuário <u>mais distante</u> não tenha de esperar demais pelo serviço, ou que não tenha demasiada dificuldade em dirigir-se a ele. Então procuraremos por um vértice cuja <u>maior distância</u> em relação a outro vértice seja a <u>menor possível</u>. Este problema é conhecido como um *problema de centro*.

Se tivermos que localizar mais de uma instalação, os problemas respectivos se chamam problemas de *p-mediana* ou de *p-centro*. O estudo desses problemas gerais é uma área de pesquisa em aberto, habitualmente associada a modelos de programação matemática ou a técnicas heurísticas, visto que a complexidade em muitos casos é exponencial, como dito acima.

Exemplo: Seja o grafo abaixo, representativo de uma área rural onde queremos colocar nossa instalação. Vamos examinar os dois casos: em um, se trata de uma empresa lucrativa e, no outro, de um hospital. As distâncias estão em quilômetros.

A <u>matriz de distâncias</u> fornecida pelo algorítmo de Floyd está representada abaixo, com duas colunas adicionais, "Afast." e "Soma". A primeira vai exigir alguns detalhes, então começaremos pela segunda, onde cada posição indica a soma das distâncias do vértice correspondente a cada um dos demais vértices.

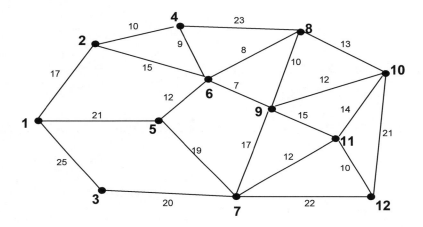

Podemos observar que o **vértice 9** apresenta o valor mínimo, com um total de 219 quilômetros. Este valor deverá ser levado em conta ao se planejar a entrega do produto que a empresa esteja distribuindo (eventualmente se terá que atribuir pesos às diferentes localidades, se a demanda delas variar muito). O vértice 9 é, então, uma mediana (ou 1-mediana) do grafo.

	1	2	3	4	5	6	7	8	9	10	11	12	Afast.	Soma
1	0	17	25	27	21	32	40	40	39	51	52	62	62	406
2	17	0	42	10	27	15	39	23	22	34	37	47	47	313
3	25	42	0	42	39	44	20	47	37	46	32	42	47	416
4	27	10	52	0	21	9	33	17	16	28	31	41	52	285
5	21	27	39	21	0	12	19	20	19	31	31	41	41	281
6	32	15	44	9	12	0	24	8	7	19	22	32	44	224
7	40	39	20	33	19	24	0	27	17	26	12	22	40	279
8	40	23	47	17	20	8	27	0	10	13	25	34	47	264
9	39	22	37	16	19	7	17	10	0	12	15	25	**_39_**	**_219_**
10	51	34	46	28	31	19	26	13	12	0	14	21	51	295
11	52	37	32	31	31	22	12	25	15	14	0	10	52	281
12	62	47	42	41	41	32	22	34	25	21	10	0	62	377

Grafos : introdução e prática   *53*

Para o caso do hospital, teremos que introduzir algumas definições.

Diremos que o *afastamento* e(v) de um vértice *v* em um grafo é o valor da *maior distância* dele a algum outro vértice, dentre todos os demais.

Observe agora a coluna "Afast." acima. Há um vértice (9) de *afastamento mínimo*. Ele possui exatamente a propriedade de que estávamos precisando: a maior distância a partir dele (o seu afastamento) é a menor possível. Um vértice com essa propriedade é um *centro* do grafo. O afastamento de um centro é o *raio* do grafo. Um vértice com *afastamento máximo* é um *vértice periférico* do grafo e o seu afastamento é o *diâmetro* do grafo.

Observação 1: *Neste exemplo, o vértice 9 é um centro e também uma mediana do grafo. Não é* obrigatório que isto ocorra: depende da estrutura do grafo e dos valores atribuídos às arestas. Já os vértices 1 e 12 são periféricos.

Observação 2: Estas noções são válidas para grafos orientados, onde se define, por exemplo, um *afastamento exterior* e$^+$(v), encontrado sobre as linhas da matriz (como acima) e outro, o *afastamento interior* e$^-$(v), que se procura sobre as colunas. O primeiro irá nos interessar, se o serviço for *ao encontro* do cliente (como os bombeiros); o segundo, em caso contrário (como o hospital). Não há, habitualmente, interesse em fazer esta distinção ao se lidar com o diâmetro.

Em relação às medianas, ao se considerar o caso orientado se trabalha com a soma dos dois valores, visto que o veículo de serviço (p. ex., de entrega) terá que ir e voltar, às custas do empresário.

3.4 Problemas de caminho máximo

3.4.1 O método do caminho crítico

Pode parecer estranho que se tenha interesse em procurar um *caminho máximo*, mas este conceito é extremamente útil em problemas de programação de produção. Vamos começar nossa abordagem por um exemplo.

Considere uma situação na qual você precise fazer uma montagem com 3 elementos, A, B e C, que você vai encomendar já prontos. O elemento B tem de ser montado sobre o elemento A e, para isso, você precisa conferir certas medidas de A, para poder encomendar B exatamente de acordo. O elemento C pode ser acoplado, seja a A, seja ao conjunto AB e, com ele, não existe esse rigor de medida. Considere que estas montagens são imediatas, não levando mais que um ou dois minutos e que essas peças não tenham grandes dimensões, que exijam equipamentos pesados. A montagem vai ser feita à mão e é muito fácil. .

Você, naturalmente, vai encomendar tudo o mais cedo que puder e assim você *pede, hoje mesmo,* os elementos A e C. *Assim que A chegar, você o mede* e, com base nas medidas, *encomenda B.* Você já sabe que o prazo de entrega de A é 10 dias, o de B é 5 dias e o de C é 13 dias.

Com base no que foi dito, você pode representar a sua montagem pelo grafo à direita, no qual os vértices são *ocasiões determinadas: quando* você faz as encomendas, *quando* você recebe A e *quando* você termina tudo. E os arcos que ligam esses vértices são *valorados,* no caso, pelos *tempos de espera* de cada peça.

Agora, diga: em quantos dias a sua montagem ficará pronta?

Em 13 dias, ou em 15?

Se você respondeu 13 dias, *errou*: em 13 dias você terá A e C em casa, mas não B: ela só chegará 2 dias depois ! Você terá a sua montagem pronta em 15 dias.

Por isso temos interesse em procurar um caminho máximo neste grafo.

54   *Capítulo 3: Problemas de caminhos*

Este grafo será um *modelo* do processo de produção em estudo (que chamaremos de *projeto*).

Nele, como vimos no exemplo acima:

- Os vértices correspondem a ocasiões importantes ou *eventos;*

- Os arcos, a *algo que deva ser feito* entre dois eventos (*tarefa*, ou *atividade*).

- A valoração corresponde ao tempo utilizado na atividade relacionada ao arco.

Esta técnica de planejamento de processos de produção se chama CPM, da designação *critical path method* em inglês. Uma versão que associa probabilidades aos tempos de execução (que não discutiremos aqui) é conhecida como PERT (*program evaluation and review technique*).

- **Observação 1:** Não se impressione pelo fato que as *atividades*, no exemplo acima, correspondem exatamente a *esperar*. Há alguém trabalhando nas encomendas e você também trabalha: faz as encomendas, assina contratos, procura meios de pagamento etc.. E depois, espera...

- **Observação 2:** O fato dos arcos destes grafos serem valorados por tempos, em sequência, implica em que eles *não podem ter circuitos*. (Pelo menos, até que alguém descubra uma forma de viajar no tempo !)

- **Observação 3:** Entre o vértice mais à esquerda e o vértice mais à direita no grafo, há um *caminho* de duração total 15 dias. Este caminho é o *caminho crítico* do grafo e representa uma sucessão de atividades que *não podem sofrer atrasos* sem que eles se reflitam no final do projeto.

Observe que, *ao receber a peça C*, você não precisa montá-la logo, isso pode ocorrer em *até 2 dias* (logo a atividade **C** tem uma *folga* de 2 dias); mas, *se você atrasar a medida de* A, isso *atrasa a encomenda de B* e a montagem toda vai levar *mais de 15 dias*. As atividades do caminho crítico (*atividades críticas*) têm *folga nula* !

Vamos examinar um exemplo um pouco mais extenso, onde nossas três peças têm de ser fabricadas no local.

Uma indústria deve fabricar um certo número de lotes compostos de três peças : duas em PVC (peças A e B) e uma em aço inoxidável (peça C). A e B devem ser torneadas e depois rosqueadas, mas C deve apenas ser torneada. Depois de trabalhadas, as peças A e C devem ser montadas e então acopladas à peça B. Finalmente as peças prontas devem ser embaladas e armazenadas.

Algumas destas tarefas podem ser feitas simultaneamente, mas outras dependem de tarefas anteriores. Uma forma de codificar isso é uma *tabela de precedências* : ao lado de cada tarefa colocamos as tarefas das quais ela depende imediatamente e a duração da tarefa. No nosso caso :

Atividade (ou tarefa)	antecedentes	duração
1. Preparar os tornos	-	8
2. Preparar as embalagens	-	8
3. Cortar e distribuir o PVC	-	10
4. Cortar e distribuir o aço	-	12
5. Tornear A	1, 3	8
6. Tornear B	1, 3	11
7. Tornear C	1, 4	15
8. Rosquear A	5	9
9. Rosquear B	6	7
10. Montar A e C	7, 8	4
11. Montar B	9, 10	6
12. Embalar e armazenar	2, 11	7

Grafos : introdução e prática 55

Evidentemente, haverá um tempo mínimo, isto é, um tempo antes do qual não poderemos terminar o conjunto de tarefas; algumas atividades são *críticas* (não tolerarão atrasos) e outras terão folga.

Para examinarmos estes aspectos utilizando grafos, usaremos duas abordagens : *atividades nos arcos* e *atividades nos vértices* .

a) Atividades nos arcos

Esta abordagem foi a que usamos em nosso primeiro exemplo.

A partir de um vértice *v* inicial, as tarefas serão representadas por arcos; a extremidade inicial de um arco deve estar ligada às extremidades finais de seus antecedentes na tabela. O tempo de duração será o valor do arco. Os arcos sem sucessor terão extremidade final num vértice w.

Como algumas vezes a precedência múltipla pode gerar confusão, lançaremos mão de arcos, ou atividades "fantasma", com valor 0 (embora elas possam também receber valores de <u>tempos de espera</u>), representados no grafo por arcos pontilhados. No nosso caso :

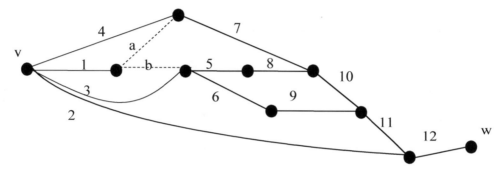

Atenção : <u>O grafo é orientado,</u> a direção é sempre da esquerda para a direita.

Podemos observar a utilidade das *atividades fantasma*; sem elas, a construção obtida conteria as seguintes relações de adjacência (erradas):

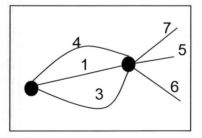

Este grafo *não retrataria corretamente* o problema, pois a tarefa 3 não é necessária para a tarefa 7 (confira na tabela).

No projeto, é claro, *todas as tarefas são <u>obrigatórias</u>*. O caminho máximo será nosso caminho crítico, uma vez que teremos que passar por estes arcos na ordem do caminho. Não poderemos completar o nosso projeto (fabricar o lote de peças) antes que este caminho seja percorrido até o final.

Modelo de programação inteira para o problema

Para formalizar o problema como um modelo de programação inteira, associaremos a <u>cada arco</u> *i* uma *variável* x_i ; uma vez determinado o caminho crítico, x_i terá valor 1 se o arco *i* pertencer a ele e valor 0 em caso contrário.

Nossa função objetivo (que devemos <u>maximizar</u>) corresponde ao valor do maior caminho :

Max $8x_1 + 8x_2 + 10x_3 + 12x_4 + 8x_5 + 11x_6 + 15x_7 + 9x_8 + 7x_9 + 4x_{10} + 6x_{11} + 7x_{12}$

$x_i \in \{0, 1\}$

Observe que, se colocássemos todas as variáveis iguais a 1, obteríamos com certeza um valor máximo, mas para isso *todos os arcos* deveriam fazer parte do caminho crítico, e nada nos garante isso - habitualmente é impossível, como no nosso exemplo (basta olhar a figura). Vamos então completar a formulação com algumas restrições, que obriguem a nossa escolha de arcos a formar um caminho.

Adotaremos a seguinte convenção: os *arcos que saem* de um vértice recebem sinal *positivo* e os que *entram* em um vértice, sinal *negativo*. Vamos então criar uma equação para cada vértice, que indique a soma das variáveis dos arcos *incidentes* a ele. Então, para os vértices *v* e *w* (inicial e final) teremos soma 1 ou -1 (de *v* apenas *sai* um arco crítico e em *w* apenas *entra* um arco crítico).

Podemos ver que, para todos os vértices, exceto v e w, a soma dos x_i's que entram e que saem será sempre 0 – se o caminho crítico passa pelo vértice, entra por um arco e sai por outro, senão não entra nem sai arco crítico algum. Essas observações nos levam às equações de restrição dos vértices.

$$x_1 + x_2 + x_3 + x_4 = 1$$
$$-x_4 - x_a + x_7 = 0$$
$$-x_1 + x_a + x_b = 0$$
$$-x_3 + x_5 + x_6 = 0$$
$$-x_5 + x_8 = 0$$

$$-x_6 + x_9 = 0$$
$$-x_7 - x_8 + x_{10} = 0$$
$$-x_9 - x_{10} + x_{11} = 0$$
$$-x_2 - x_{11} + x_{12} = 0$$
$$x_{12} = -1$$

Exemplo: na quarta restrição o arco 3 entra num vértice e os arcos 5 e 6 saem do mesmo vértice.

Observe que cada variável aparece uma vez com o sinal negativo (quando o arco correspondente *sai* de seu vértice de origem) e uma vez com o sinal positivo (quando ele *chega* ao vértice de destino). Há uma restrição para cada vértice, e uma adicional, que é a restrição $x_i \in \{0, 1\}$.

Esta formulação é adequada à solução por computadores, em especial por pacotes existentes no mercado. Algumas modificações (das quais não trataremos aqui) transformam o problema num problema clássico de transportes (ver p.ex. Colin (2007)).

Ela tem um inconveniente, que é a maior dificuldade da construção de um grafo a partir dos seus arcos e não a partir dos seus vértices. Uma forma de visualisar a situação de maneira mais direta é formular o processo com as atividades associadas aos vértices. O algoritmo CPM será ilustrado nesta versão.

Atividades nos vértices

As atividades serão representadas por vértices, aos quais associamos 5 grandezas :

d_k - duração da atividade k

ci_k - momento *mais cedo* para *inicio* da atividade k

cf_k - momento *mais cedo* para *fim* da atividade k

ti_k - momento *mais tarde* para *inicio* da atividade k

tf_k - momento *mais tarde* para *fim* da atividade k

Elas serão representadas no grafo da seguinte maneira :

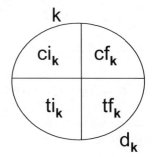

Ao conjunto dos vértices-atividade, acrescentaremos um vértice *v* inicial e um vértice *w* final, ambos com duração 0.

Começamos por montar o grafo, sendo que *dois vértices k e j são início e fim de um arco* se a atividade *k* for *imediatamente precedente* à atividade *j* (Veja a tabela !). No nosso caso :

Grafos : introdução e prática

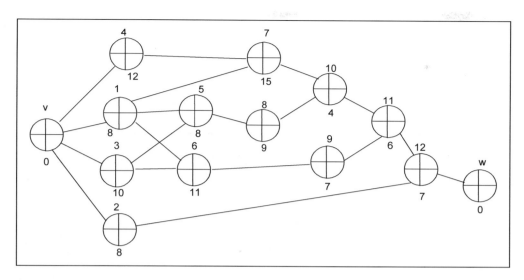

A determinação do caminho crítico obedece às seguintes regras recursivas :

(a) $ci_v = 0$

(b) $cf_k = ci_k + d_k$

(c) $ci_r = \max cf_k$ (para todo arco (k,r) do grafo).

Ou seja, tomamos como *momento mais cedo* para o início da atividade r o valor do *maior caminho* até o vértice r (lembrar que a *valoração* do grafo é por *tempos sucessivos*).

A atividade r *não pode ser iniciada* antes que todas as atividades de que ela depende sejam completadas. (Pense, por exemplo, em se colocar as telhas de um telhado antes de fazer as paredes e a cumieira !).

Vamos aplicar as regras ao nosso exemplo :

(a)	$ci_v = 0$			$cf_6 = 10 + 11 = 21$
(b)	$cf_v = 0$			$cf_7 = 12 + 15 = 27$
(c)	$ci_1 = 0$		(c)	$ci_8 = \max\{18\} = 18$
	$ci_2 = 0$			$ci_9 = \max\{21\} = 21$
	$ci_3 = 0$		(b)	$ci_8 = 18 + 9 = 27$
	$ci_4 = 0$			$ci_9 = 21 + 7 = 28$
(b)	$cf_1 = 0 + 8 = 12$		(c)	$ci_{10} = 27$
	$cf_2 = 0 + 8 = 12$		(b)	$cf_{10} = 31$
	$cf_3 = 0 + 10 = 10$		(c)	$ci_{11} = 31$
	$cf_4 = 0 + 12 = 12$		(b)	$cf_{11} = 37$
(c)	$ci_5 = \max\{8,10\} = 10$		(c)	$ci_{12} = 37$
	$ci_6 = \max\{8,10\} = 10$		(b)	$cf_{12} = 44$
	$ci_7 = \max\{8,12\} = 12$		(c)	$ci_w = 44$
(b)	$cf_5 = 10 + 8 = 18$		(b)	$cf_w = 44$

Nosso grafo ficará assim :

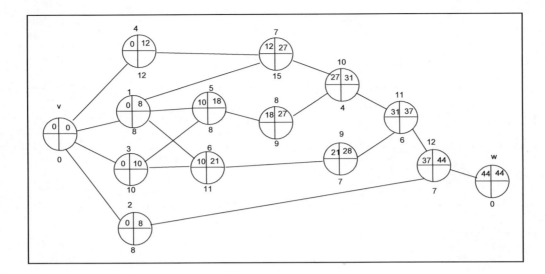

Para entender o que o algoritmo está fazendo com os *momentos mais tarde* tomemos, por exemplo o vértice 5.

- Ele depende dos vértices 1 e 3.

- O vértice 1 terá encerrada sua tarefa no momento 8, mas o vértice 5 precisa também do vértice 3 que só terminará no momento 10.

- O vértice 5, portanto só pode iniciar sua tarefa no momento 10.

- Tomamos o *momento mais tarde* entre os que precedem o vértice 5.

A propagação dos tempos é bastante evidente.

O valor mínimo é 44 e um caminho crítico será qualquer caminho onde *para vértices sucessivos k e r tivermos* $cf_k = ci_r$. Assim, 4-7-10-11-12 e 3-5-8-10-11-12 serão caminhos críticos e as suas atividades não admitirão atrasos.

(a') $tf_w = cf_w$

(b') $ti_k = tf_k - d_k$

Aplicando ao nosso exemplo :

(a')	$tf_w = 44$				$tf_8 = 27$
(b')	$ti_w = 44 - 0 = 44$		(b')		$ti_6 = 24 - 11 = 13$
(c')	$tf_{12} = 44$				$ti_7 = 27 - 15 = 12$
(b')	$ti_{12} = 44 - 7 = 37$				$ti_8 = 27 - 9 = 18$
(c')	$tf_{11} = 37$		(c')		$tf_4 = 12$
	$tf_2 = 37$				$tf_5 = 18$
(b')	$ti_{11} = 37 - 6 = 31$		(b')		$ti_4 = 12 - 12 = 0$
	$ti_2 = 37 - 8 = 29$				$ti_5 = 18 - 8 = 10$
(c')	$tf_9 = 31$		(c')		$tf_1 = 10$
	$tf_{10} = 31$				$tf_3 = 10$
(b')	$ti_9 = 31 - 7 = 24$		(c')		$ti_1 = 10 - 2 = 8$
	$ti_{10} = 31 - 4 = 27$				$ti_3 = 10 - 10 = 0$
(c')	$tf_6 = 24$		(b')		$tf_v = 0$
	$tf_7 = 27$		(c')		$ti_v = 0$

A aplicação destas regras nos leva ao grafo :

Grafos : introdução e prática 59

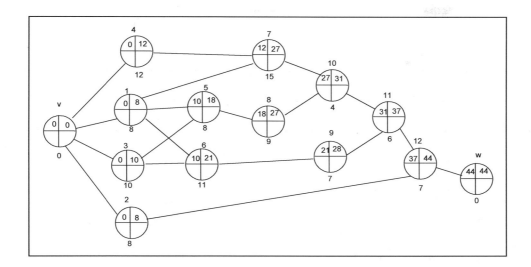

Outra vez, não é difícil compreender o que o algoritmo faz.

Tomemos, por exemplo, o vértice 1.

- Para que a atividade 6 não atrase ele poderia até terminar sua tarefa no momento 13.
- Entretanto, para que a atividade 5 não se atrase, ele deve ter terminado, no máximo, no momento 10.
- Tomamos o *momento mais cedo* entre os que sucedem o vértice 1.

Resta agora calcular agora as folgas $t_{i_k} - c_{i_k}$:

Atividade k	Folga
v	0
1	2
2	29
3	0
4	0
5	0
6	3

Atividade k	Folga
7	0
8	0
9	3
10	0
11	0
12	0
w	0

As atividades com folga 0 são as *atividades críticas*. A atividade 2 está evidentemente *superdimensionada* e podemos *deslocar recursos* (humanos ou materiais) dela, para uma atividade crítica. Mas para qual?

Vamos observar que temos dois caminhos críticos (veja o grafo) que são:

(v, 4, 7, 10, 11, 12, w), e

(v, 3, 5, 8, 10, 11, 12, w).

As atividades que pertencem aos dois *caminhos críticos* são as atividades 10, 11 e 12 e devem ser contempladas *com preferência*. Alocar recursos à atividade 7, por exemplo, não modificaria a duração do caminho 3-5-8-10-11-12, e nosso ciclo de produção continuaria com 44 minutos. A transferência de recursos a uma atividade crítica permite, em princípio, que se reavalie a sua duração, reduzindo o tempo de execução do projeto.

Exercícios – Capítulo 3

1. Execute o algoritmo de Dijkstra com o exemplo do item 3.2, trocando antes o sinal do custo do arco (**E,B**).

2.
   a. Aplique o algoritmo de Dijkstra, acompanhando a formalização, aos dois grafos (use os vértices A, no primeiro, e 1, no segundo, como origens).
   b. Aplique o algoritmo de Bellmann-Ford aos dois grafos (mesma observação).
   c. No segundo grafo, mude o valor do arco (3,5) para -2 e aplique os dois algoritmos. Observe os resultados obtidos e interprete.

3. Execute as 2 iterações que faltam no exemplo do algorítmo de Floyd.

4. Experimente encontrar outros caminhos mínimos com a ajuda de **R** no exemplo do algorítmo de Floyd.

5. Utilizando o grafo abaixo :

   (a) Aplique o algoritmo de Dijkstra para achar a menor distância do vértice A aos outros vértices.
   (b) Construa a arborescência de distâncias a partir de A.

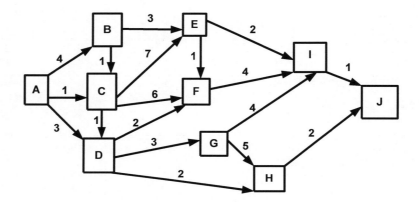

6. Utlizando o grafo abaixo :

   (a) Aplique o algoritmo de Dijkstra para achar a menor distância do vértice A aos outros vértices.
   (b) Construa a arborescência de distâncias a partir de A.
   (c) Aplique o algoritmo de Dijkstra para achar a menor distância do vértice J aos outros vértices.
   (d) Construa a arborescência de distâncias a partir de J.

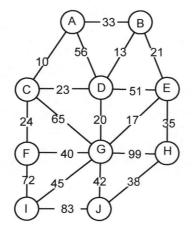

Grafos : introdução e prática 61

7. Utlizando a tabela de distâncias abaixo :

(a) Aplique o algoritmo de Dijkstra para achar a menor distância do vértice 1 aos outros vértices.

(b) Construa a arborescência de distâncias a partir de 1.

(c) Aplique o algoritmo de Dijkstra para achar a menor distância do vértice 10 aos outros vértices.

(d) Construa a arborescência de distâncias a partir de 10.

	1	2	3	4	5	6	7	8	9	10
1	0	6	8	10	-	-	-	-	-	-
2	6	0	12	14	18	-	-	-	-	-
3	8	12	0	22	24	28	30	-	-	-
4	10	14	22	0	18	16	14	-	-	-
5	-	18	24	18	0	38	40	46	52	-
6	-	-	28	16	38	0	54	58	60	62
7	-	-	30	24	40	54	0	80	82	84
8	-	-	-	-	46	58	80	0	100	110
9	-	-	-	-	52	60	82	100	0	120
10	-	-	-	-	-	62	84	110	120	0

8. Igual ao exercício acima com a seguinte matriz de distâncias (não simétrica) :

	1	2	3	4	5	6	7	8
1	0	18	45	27	81	54	36	90
2	42	0	21	49	35	28	14	56
3	15	35	0	50	20	25	55	30
4	32	64	40	0	16	56	24	48
5	30	42	54	18	0	24	48	36
6	24	44	36	48	32	0	56	28
7	21	36	48	27	42	57	0	24
8	96	48	88	72	40	80	64	0

9. O esquema abaixo representa os caminhos que ligam diversas localidades por onde devem passar o mosqueteiro D'Artagnan, e que está repleto de emboscadas. Os número representam a probabilidade (x/10) de sucesso de ultrapassar os trechos; por exemplo, entre os vértices 2 e 4 a probabilidade de sucesso é de 70%. Gostaria de calcular as probabilidades de sucesso de ir de 1 até os outros vértices.

É possível adaptar o algoritmo de Dijkstra para este fim? Justifique sua resposta. Caso seja possível, resolva o problema.

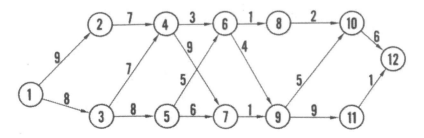

10. Nossa fábrica pode enviar sua produção de enlatados *para cada uma das quatro* cidades: São Paulo, Belo Horizonte, Florianópolis e Salvador, com lucro (em milhares de reais) respectivamente de 550 (SP), 580(BH), 590(F) e 600(S).

Estes lucros serão diminuídos pela passagem por diversas estradas e cidades..

O problema pode ser modelado pelo seguinte grafo (as taxas estão expressas nos arcos que chegam às cidades):

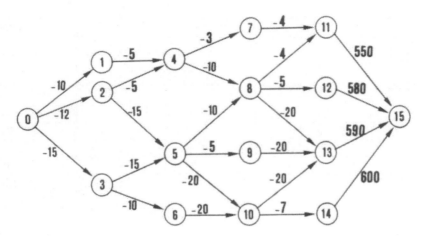

Como podemos usar este grafo para determinar para onde devemos mandar a mercadoria, e por qual caminho?

11. Aplique o algoritmo de Floyd e encontre as distâncias entre os vértices 1,2,3 e 4 e os percursos correspondentes.

	1	2	3	4
1	0	20	30	50
2	20	0	40	15
3	30	40	0	15
4	50	15	15	0

12. Considere a matriz abaixo como a matriz de distâncias de um grafo orientado :

	1	2	3	4	5	6	7	8	9	e^+	e^+	S^+
1	0	12	20	15	28	37	25	38	46			
2	12	0	8	27	16	25	37	32	43			
3	20	8	0	35	24	17	45	40	35			
4	15	27	35	0	15	25	14	17	35			
5	28	16	24	15	0	10	29	16	27			
6	37	25	17	25	10	0	39	26	18			
7	25	37	45	14	29	39	0	13	21			
8	38	32	40	17	16	26	13	0	11			
9	46	43	35	35	27	18	21	11	0			
e^-												
e^-												
S^-												

Grafos : introdução e prática 63

Em que vértice você localizaria:

a) O armazem central de uma rede de supermercados que deve abastecer as outras unidades?

b) Um posto de polícia?

c) Uma coletoria de impostos (se por acaso voce desejasse facilitar a vida do contribuinte!)?

d) Uma usina de lixo? (Pense bem no critério a utilizar !!!)

e) Um quartel do Corpo de Bombeiros?

f) Um pronto-socorro?

g) Uma pizzaria?

13. No exemplo do ítem 3.3, considere os vértices 5, 6 e 9 como passíveis de receber um par de instalações de serviço. Considere os dois casos (lucro e emergência). Defina adequadamente as somas de distâncias (pela menor distância) e os afastamentos (pela maior distância) para cada par de vértices considerado. (Observe que, agora, não há correspondência entre linhas da matriz e os valores calculados, porque estaremos lidando com pares de vértices).

14. O grafo abaixo é um modelo de atividades nos arcos; os valores nos arcos indicam o tempo de cada atividade e as linhas pontilhadas têm valor 0.

   a) Expresse o modelo como um problema de programação linear inteira.

   b) Construa a tabela de precedências e transforme o modelo para que tenha atividades nos vértices.

   c) Resolva o problema, apresente o(s) caminho(s) crítico(s) e a tabela de folgas.

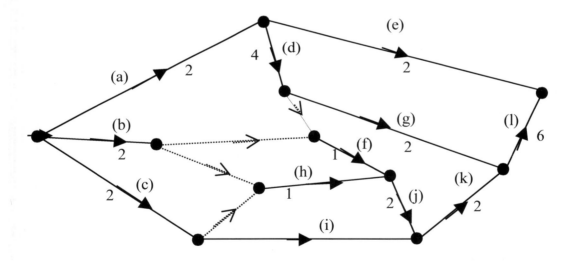

15. Utilizando as tabelas de precedência abaixo,

   a) Construa (sem resolver) o problema pelo método das atividades nos arcos.

   b) Construa e resolva o problema pelo método das atividades nos vértices.

   c) Apresente o(s) caminho(s) crítico(s).

   d) Apresente a tabela de folgas das atividades.

A)

Atividade	Precedência	Duração
1	-	5
2	-	10
3	-	8
4	1	6
5	1	12
6	2,4	7
7	3	4
8	5,6,7	6
9	3	10

B)

Atividade	Precedência	Duração
1	-	5
2	7	7
3	-	6
4	7	12
5	6,8	8
6	2,4	9
7	1,3	12
8	3,4	5
9	6,8	3

16. Um problema muito conhecido é o de se atravessar um rio com uma cabra, um lobo e um cesto de alfaces, com o auxílio de um barqueiro, em um barco que só comporta dois desses elementos (*problema da travessia*). Dadas as restrições óbvias sobre quem pode, ou não, esperar lado a lado em uma margem, monte um modelo de caminho que indique ao menos uma sequência viável de travessia. **Dica:** pense em termos de partes do conjunto de elementos e como elas se interligam.

17. Um problema parecido é o "dos 8 litros": você acha em um depósito de vinhos um garrafão com capacidade para 8 litros, cheio de um vinho que você deseja dividir meio a meio com um amigo. A dificuldade é que, no depósito, existem apenas 2 garrafas vazias, uma com capacidade para 5 e a outra para 3 litros. A divisão talvez seja possível passando-se vinho de uma dessas garrafas para outra, em uma sequência.

Monte um modelo de caminho que indique a sequência a ser seguida, para que no final se tenham 4 litros na garrafa de 8 e os outros 4, naturalmente, na de 5 litros. (**Dica:** pense em como representar as situações possíveis e como elas se interligam).

> *No tronco de uma árvore*
> *A menina gravou seu nome*
> *Cheia de prazer*
> *A árvore em seu seio comovida*
> *Pra menina uma flor deixou cair*
>
> Eusébio Delfin / Chico Buarque
> Eu sou a árvore

Capítulo 4 : Problemas de interligação

4.1 Árvores e arborescências

4.1.1 Alguns exemplos

Imagine que desejemos interligar 6 casas com uma rede elétrica. Ao fazê-lo, gostaríamos que duas regras fossem obedecidas :

- Todos os pares de pontos devem ser ligados por ao menos um percurso ; e
- Usaremos o mínimo possível de ligações.

Podemos perceber imediatamente que estamos tentando construir um grafo conexo com 6 vértices. Há várias soluções para este problema : algumas delas estão indicadas na figura abaixo.

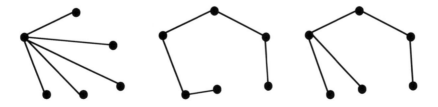

O que estas soluções têm em comum?

- ***Todas*** têm 5 arestas ; e
- **Nenhuma** contém ciclos.

Este tipo de grafo é chamado **árvore**.

Definição: Uma árvore é um grafo conexo e sem ciclos.

Árvores são estruturas que serve para *modelar* diversas situações.

Exemplo 1 : organograma de uma empresa

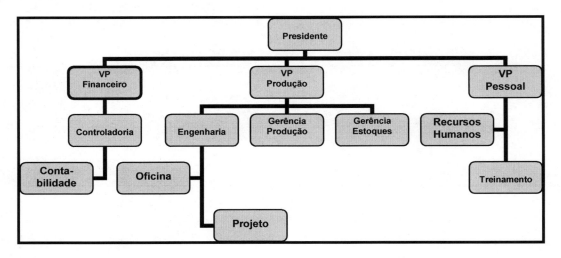

Exemplo 2 – Esquema-tabela de um campeonato do tipo eliminatório

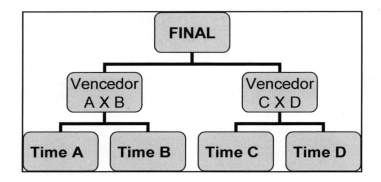

Exemplo 3 – *Árvore de decisão* – É um instrumento importante para a tomada de decisões.

> Imagine que você possua um terreno que é cobiçado por uma companhia de investimentos imobiliários. Ela oferece R$ 30.000,00 pelo seu terreno com a promessa (por contrato) de que caso o empreendimento tenha sucesso você receberá, ainda, um apartamento no valor de R$ 70.000,00.
>
> Ao invés disso, você pode optar por se arriscar e investir R$20.000,00 na companhia e, se tudo der certo, ganhar R$ 150.000,00. Se der errado, você perde seus R$20.000,00.
>
> Um perito em imóveis avalia a probabilidade de sucesso do empreendimento em 60%.

Usando os valores do problema e ponderando os lucros e prejuízos pelas probabilidades, construimos a árvore de decisão mostrada adiante.

→ *Se eu resolvo vender*, duas coisas podem acontecer:

a) O empreendimento tem sucesso (60% de probabilidade) e eu ganho 30 000 + 70 000 = 100 000, ou

b) o empreendimento dá errado (40% de probabilidade) e eu ganho apenas 30 000.

Qual o valor dessa decisão? Ponderando os ganhos pelas probabilidades obtenho o **valor esperado** dessa decisão:

(0,60). (100 000) + (0,40). (30 000) = 72 000

Esse ramo da árvore pode ser ilustrado assim:

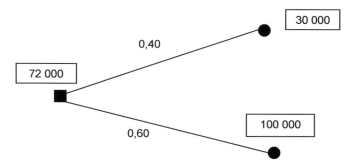

→ **Se resolvo investir**, faço as mesmas contas:

   a)   O empreendimento tem sucesso (60% de probabilidade) e eu ganho 150 000

   b)   O empreendimento dá errado (40% de probabilidade) e eu perco 20 000.

Qual o valor dessa decisão?

(0,60). (150 000) + (0,40). (-20 000) = 82 000

Este outro ramo da árvore pode ser ilustrado assim:

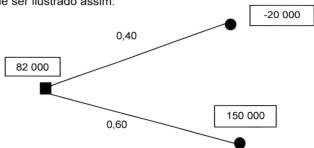

Vamos construir a árvore completa. Observe que ela vem sendo construída da direita para a esquerda. Ao reunirmos as duas partes, não aparecem probabilidades nos ramos, porque aí está a *decisão*. O valor mais à esquerda é o da decisão de *maior valor* (de maior lucro esperado).

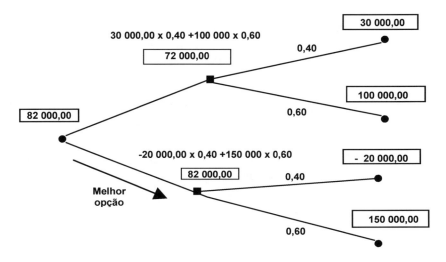

Este exemplo põe em evidência uma característica do grafo como modelo.

Embora a a árvore sugira que é melhor investir, essa decisão deve sempre levar em conta a situação do investidor. Se tudo que tenho são R$ 20.000,00, arriscar pode não ser uma boa idéia ; mas, se eu for um grande investidor, talvez o risco não seja tão importante.

O grafo funciona como auxílio à decisão: é para isso que servem os modelos.

4.1.2 Caracterização das árvores

Uma árvore pode ser caracterizada de várias formas, como mostra o teorema a seguir.

Teorema 4.1 : Seja **T** uma árvore com **n** vértices. Então :

(i)   **T** é conexo e sem ciclos (como vimos acima);

(ii) **T** é conexo e possui **n - 1** arestas;

(iii) Cada aresta **e** de **T** é uma ponte;

> *Lembrete:* Uma **ponte** é uma aresta cuja retirada desconecta o grafo.

(iv) Dados dois vértices **u** e **v** de **T**, existe <u>exatamente</u> um percurso de **u** a **v**;

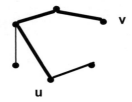

(v)   Acrescentando uma aresta a **T**, produzimos <u>exatamente</u> um ciclo.

4.1.3 Arborescências

Um tipo de estrutura (orientada) associado às árvores é a **arborescência.**

Usamos este termo para diferenciá-las das **árvores** em que não consideramos uma orientação.

Em uma arborescência, a direção dos arcos se origina em um só vértice, que é a sua *raiz*.

Observemos que, por causa do Teorema 4.1 (ítem (iii)), basta escolhermos um vértice como raiz da árvore e teremos uma orientação "natural" dos arcos:

Grafos : introdução e prática

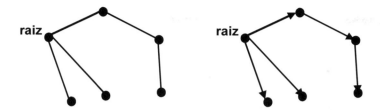

Esta característica nos autoriza a não indicar as setas, se assim preferirmos: a raiz nos dá o sentido delas.

Uma arborescência qualquer apresenta as seguintes propriedades:

- Existe um vértice sem antecessores (a raiz);
- Todos os vértices (fora a raiz) possuem exatamente um único antecessor;

Uma das arborescências de uso mais frequente é a *arborescência binária* (usualmente chamada de árvore binária). Ela se caracteriza por uma propriedade adicional:

- Todos os vértices tem, no máximo 2 sucessores (por ser binária).

Arborescências binárias aparecem naturalmente em diversas situações. Uma delas foi vista acima, na tabela do campeonato, do tipo "mata-mata". A raiz é o vértice reservado ao campeão.

Podemos também esquematizar a ordem de execução de operações em expressões lógicas ou matemáticas. Por exemplo:

A expressão   a . (b + c) – c . a + b   corresponde á arborescência

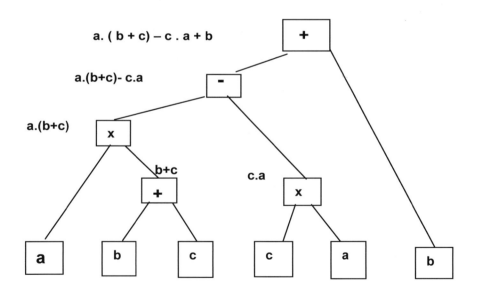

Algumas iéias da biologia podem ser expressas por arborescências binárias. A evolução é uma delas. Embora não tenhamos provas disso, os biólogos acreditam que a evolução das espécies se dá de forma binária, isto é, uma espécie não evolui **simultaneamente** para 3 ou mais novas espécies. Então, se pensamos em organizar as espécies por ordem de antecedência, a estrutura natural é a arborescência binária. Vamos ver um exemplo disto.

Pensemos em cinco espécies comuns: **Homem, Boi, Porco, Rato e Camundongo**. Um biólogo "distraído" poderia tentar organizar essas espécies assim:

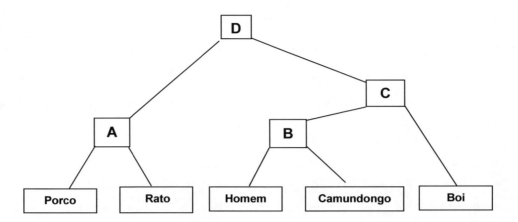

Esta organização não parece coerente; é verdade que são todos mamíferos e devem ter um ancestral comum, mas o bom senso nos diz que o rato e o camundongo deveriam estar mais próximos, e que o homem está mais próximo do porco e do boi do que dos roedores.

Na verdade não temos como determinar com certeza a seqüência da evolução. Mas podemos pensar em algum algoritmo que pareça razoável. Como nem sempre poderemos contar com o senso comum, vamos imaginar um meio de organizar esta arborescência de forma mais aceitável.

Uma idéia é examinar partes do DNA presentes em todos os mamíferos e verificar qual a *diferença percentual* entre as espécies, como feito no **Capítulo 3**. No nosso caso teremos

	Boi	Porco	Rato	Camundongo	Homem
Boi	0	0,098	0,197	0,204	0,173
Porco	0,098	0	0,181	0,189	0,163
Rato	0,197	0,181	**0**	**0,072**	0,176
Camundongo	0,204	0,189	**0,072**	**0**	0,204
Homem	0,173	0,163	0,176	0,204	0

A maior proximidade é entre o Rato e o Camundongo (o que já tínhamos antecipado). Juntamos os dois num mesmo antecessor. Na tabela os dois ocuparão a mesma coluna e linha, agora com o nome do antecessor comum **A**, e os valores desta coluna e linha serão a média dos dois valores.

	Boi	Porco	A	Homem
Boi	0	0,098	0,201	0,173
Porco	0,098	0	0,185	0,163
A	0,201	0,185	0	0,19
Homem	0,173	0,163	0,19	0

Grafos : introdução e prática   71

O menor valor agora liga o Boi ao Porco, representados por um antecessor comum B:

	B	A	Homem
B	0	0,193	0,168
A	0,193	0	0,19
Homem	0,168	0,19	0

E assim por diante. A nova arborescência será:

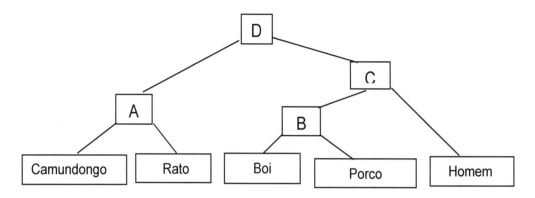

De fato, esta organização parece mais coerente. É claro que escolhemos um caso bem diferenciado. Às vezes a proximidade entre as espécies pode ser bastante grande, obrigando a considerações próprias da biologia.

Outra vez, a Matemática nos dá o modelo, a interpretação é uma outra etapa.

4.2 Árvores e interligação

No *Capítulo 3*, estivemos tratando de caminhos em grafos, o que significa procurar saber como *ir de um vértice a outro*. Naquele problema o interesse estava, habitualmente, em chegar ao destino da forma a mais econômica possível (qualquer que fosse o critério usado para avaliar isso).

Agora vamos tratar de um problema diferente (e que **não deve** ser confundido com aquele), que é o de *interligar vértices*.

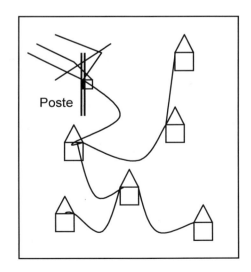

Aqui, o que se procura é estender uma *rede de distribuição* de algum recurso, a partir de algum vértice, de modo a que todos os vértices (inclusive o de partida) se beneficiem dele.

O exemplo clássico é o da distribuição de *energia em redes de baixa tensão*: o transformador se encontra próximo a algum ponto que corresponda a um vértice no modelo de grafo e as ligações elétricas que partem dele passam de vértice a vértice.

Aqui se deseja obter uma rede que seja, também, a mais econômica por algum critério: mas a estrutura dessa rede *não corresponde*, em princípio, a um *caminho* no grafo.

72   *Capítulo 4: Problemas de interligação*

Temos, então, que refletir sobre o que desejamos, ao planejar uma rede como essa.

Examinando problema e modelo, um ao lado do outro, poderemos concluir que a eletricidade deverá chegar a todos os pontos de consumo envolvidos no projeto: portanto, o grafo representativo desta rede deverá ser *conexo*.

Além disso, queremos que a rede seja a mais barata possível: então, as ligações que ela contiver devem ser as de *custo mais baixo* e no *menor número* possível.

Vamos pensar, de início, no número de ligações:

- Se tivermos *dois pontos*, *uma só* ligação será suficiente.

- para emendar um *terceiro ponto* precisaremos de *mais uma* ligação,

- de *outra* para um *quarto ponto* etc., etc.,

- podendo-se concluir facilmente que, não importanto onde conectarmos cada novo ponto na rede, o *menor número* de ligações em uma **rede conexa** de n pontos será $n - 1$.

Em relação ao custo, precisaremos examinar alternativas e a melhor maneira de fazer isso é através de um **grafo suporte**: um grafo com n vértices correspondentes aos pontos de consumo, onde uma aresta é uma **possibilidade econômica** de passagem de uma ligação elétrica de um vértice a outro.

É claro que não iremos colocar arestas unindo vértices muito distantes: o bom senso manda que essas ligações considerem pares de vértices próximos.

Por outro lado, podem existir obstáculos no terreno, como lagos ou colinas: pode, então não ser possível fazer uma ligação, ou se pode concluir que ela não será econômica.

> Uma idéia simples para a nossa solução seria escolher, em um grafo como esse, as $n - 1$ arestas mais baratas.

> Porém nada nos garante que essa escolha não irá nos dar um ciclo ou um grafo desconexo. Pior ainda, não temos a certeza de que esse procedimento seja correto para nos dar o menor valor.

> A primeira dificuldade sugere a procura de uma árvore – um grafo conexo e com $n - 1$ arestas.

> A segunda dificuldade será discutida em maior detalhe na seção 4.3.

> Agora sabemos o que procurar para resolver um problema simples de interligação. Falta reafirmar apenas que nossa árvore deve abranger os n vértices do grafo. Por isso, uma árvore como essa se chama uma *árvore abrangente*, ou *árvore parcial* (porque não usa todas as arestas) do seu grafo-suporte. E vai nos interessar aquela que seja mais barata.

Uma última observação:

Os dois mecanismos que discutimos para obter árvores, anexar um vértice de cada vez (levando em conta o custo) e escolher $n - 1$ arestas, mantendo a conexidade (donde, sem formar ciclos), são a base dos dois algoritmos mais conhecidos para obtenção de árvores parciais de custo mínimo: respectivamente, os algoritmos de **Prim** e de **Kruskal**. Vamos aplicá-los a exemplos, começando por este último.

4.3 O problema da árvore parcial de custo mínimo

4.3.1 Um exemplo para trabalho

Vamos voltar ao problema de distribuição de energia elétrica e pensar em um loteamento de casas.

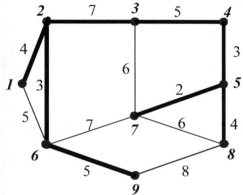

O formato dos lotes pode ser qualquer e haverá áreas através das quais os fios não deverão passar (como por exemplo, áreas de lazer, ou acidentes naturais mais importantes, como grandes pedras ou árvores).

A figura ao lado pode ser associada a uma dessas situações : nela, os vértices correspondem às casas, as arestas aos trechos de cabo elétrico e os números sobre as arestas são os seus comprimentos, em centenas de metros. Uma *solução ótima* está indicada pelas arestas de maior espessura.

Já vimos que esta solução, como todas as soluções ótimas deste problema, é uma árvore.

Experimente copiar os vértices do grafo-suporte acima e executar manualmente o algorítmo de Kruskal (veja adiante).

Vamos começar por aplicar o *algoritmo de Kruskal* ao nosso exemplo.

4.3.2 Algorítmo de Kruskal

O algoritmo de Kruskal pode ser resumido assim:

> *Incluir a aresta de menor valor, sem formar ciclo, até que todos os vértices estejam interligados.*

Naturalmente, automatizar esse processo não é tão imediato, porque precisaremos dizer ao programa como identificar o aparecimento de ciclos, coisa que podemos ver nos esquemas com facilidade se os grafos não forem muito grandes.

No nosso exemplo a sequência e a árvore resultantes seriam:

Aresta	Comentário	Valor
(5,7)	Inclui a 1ª aresta	2
(2,6)	Inclui a 2ª aresta	3
(4,5)	Inclui a 3ª aresta	3
(1,2)	Inclui a 4ª aresta	4
(5,8)	Inclui a 5ª aresta	4
(1,6)	Forma ciclo	-
(3,4)	Inclui a 6ª aresta	5
(6,9)	Inclui a 7ª aresta	5
(3,7)	Forma ciclo	-
(7,8)	Forma ciclo	-
(2,3)	Inclui a 8ª aresta	7

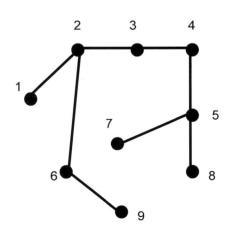

Como temos 9 vértices, basta-nos incluir 8 arestas. Observe que não pudemos usar as arestas de peso 6, pois elas fechariam ciclos.

Vamos agora discutir como o algorítmo funcionaria num computador.

A primeira coisa a fazer é ordenar as arestas por valor não-decrescente (veja ao lado), o que permitirá a sua escolha na ordem certa. Se houver empate no valor, a decisão é por ordem lexicográfica (p.ex. (2,6) vem antes de (4,5)).

Um expediente simples permite que se reconheça se uma aresta forma ciclo com as anteriores e também quando a árvore estará completa.

Lig.	Valor	Lig.	Valor
(5,7)	2	(6,9)	5
(2,6)	3	(3,7)	6
(4,5)	3	(7,8)	6
(1,2)	4	(2,3)	7
(5,8)	4	(6,7)	7
(1,6)	5	(8,9)	8
(3,4)	5		

Para isso, monta-se um quadro onde cada linha corresponda a uma aresta escolhida e onde haja *n* colunas correspondentes aos *n* vértices do grafo. Ao se introduzir uma aresta, escreve-se nas colunas dos seus vértices o menor dentre os índices de seus vértices. Então, ao se introduzir (5,7), o menor índice (5) irá substituir o 7 que encabeça a coluna 7. Ao se introduzir (2,6) o índice 6 será substituído pelo 2.

O quadro ao lado corresponde às duas primeiras arestas escolhidas.
Os valores sublinhados correspondem aos índices dos vértices que formam a aresta.

Lig.	1	2	3	4	5	6	7	8	9
(5,7)	1	2	3	4	<u>5</u>	6	<u>5</u>	8	9
(2,6)	1	<u>2</u>	3	4	5	<u>2</u>	5	8	9

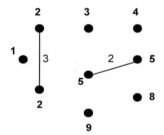

Esta troca de índices também foi feita na figura ao lado : podemos observar que cada índice corresponde, agora, a uma componente conexa diferente. Uma árvore deve ter pelo menos uma aresta: então temos duas subárvores, {5,7} e {2,6}. Elas irão crescer e isto nos mostra que há um ponto importante, ao se atualizar o quadro:

<u>Se um valor tiver de ser mudado em alguma coluna, ele deverá ser mudado em todas as colunas onde aparecer.</u>

Podemos observar essa ocorrência na iteração seguinte. A próxima aresta a incluir é (4,5) : então devemos trocar o 5 da coluna 5 por 4. Mas o valor 5 aparece <u>também</u> na coluna 7, então devemos também trocar 5 por 4 nessa coluna.

Desta forma, o índice 4 marca a <u>nova componente conexa</u> formada pelos vértices de índices 4, 5 e 7 (valores sublinhados), agora interligados.
Observe que esta componente é uma subárvore.

Lig.	1	2	3	4	5	6	7	8	9
(5,7)	1	2	3	4	<u>5</u>	6	<u>5</u>	8	9
(2,6)	1	<u>2</u>	3	4	5	<u>2</u>	5	8	9
(4,5)	1	2	3	<u>4</u>	<u>4</u>	2	<u>4</u>	8	9

Observe o que acontece a seguir, ao se procurar introduzir no grafo a aresta (1,6) !

Pode-se entender, portanto, que ao final do processo todas as casas da última linha do quadro conterão o valor 1. Neste momento, o grafo será conexo, ou seja, terá <u>uma única</u> componente conexa.

A última questão a discutir é a do eventual aparecimento de ciclos. Para vermos o que acontece, iremos adiantar o algorítmo de mais 3 iterações.

Grafos : introdução e prática

A tabela ao lado começa com a última linha mostrada acima.

Já incluimos as arestas (5,7), (2,6), (4,5), (1,2) e (5,8).

Nenhuma delas formou ciclo.

Vamos observar o que ocorre com a aresta (1,6).

Lig.	1	2	3	4	5	6	7	8	9
(4,5)	1	2	3	<u>4</u>	<u>4</u>	2	<u>4</u>	8	9
(1,2)	<u>1</u>	<u>1</u>	3	4	4	<u>1</u>	4	8	9
(5,8)	1	1	3	<u>4</u>	<u>4</u>	1	<u>4</u>	<u>4</u>	9
(1,6)	↑					↑			

Nossas componentes conexas, no momento, são:

{1,2,6}   marcada pelo número 1   {4,5,7,8}   marcada pelo número 4
{3}   marcada pelo número 3   {9}   marcada pelo número 9

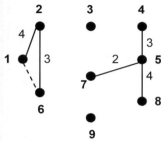

Vemos que os dois valores iguais, nas colunas 1 e 6, correspondem à introdução de uma aresta entre dois vértices que *já pertencem* à mesma componente conexa. A introdução da aresta resultaria, portanto, na criação de um ciclo e, por isso, ela é rejeitada.

As próximas duas arestas de nossa lista são (3,4) e (6,9), que não formam ciclo e podem ser acrescentadas.

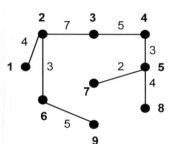

As duas seguintes, (3,7) e (7,8) provocam o aparecimento de ciclos e são descartadas.

Finalmente introduzimos a aresta (2,3). Todas os véritces estão na mesma componente conexa – marcada com o número 1. Nossa árvore foi construída.

O quadro final, após a introdução de 8 arestas, é o seguinte :

Lig.	1	2	3	4	5	6	7	8	9	Valor
(5,7)	1	2	3	4	<u>5</u>	6	<u>5</u>	8	9	2
(2,6)	1	<u>2</u>	3	4	5	<u>2</u>	5	8	9	3
(4,5)	1	2	3	<u>4</u>	<u>4</u>	2	<u>4</u>	8	9	3
(1,2)	<u>1</u>	<u>1</u>	3	4	4	<u>1</u>	4	8	9	4
(5,8)	1	1	3	<u>4</u>	<u>4</u>	1	<u>4</u>	<u>4</u>	9	4
(1,6)	↑					↑				---
(3,4)	1	1	3	<u>3</u>	<u>3</u>	1	<u>3</u>	3	9	5
(6,9)	<u>1</u>	<u>1</u>	3	3	3	<u>1</u>	3	3	<u>1</u>	5
(3,7)		↑					↑			---
(7,8)							↑	↑		---
(2,3)	<u>1</u>	<u>1</u>	<u>1</u>	<u>1</u>	<u>1</u>	<u>1</u>	<u>1</u>	<u>1</u>	<u>1</u>	7

Observação: Não precisaremos testar as arestas do grafo até o final. De fato, depois de obtermos uma árvore, qualquer outra aresta – como, no caso, (6,7) e (8,9) — completaria um ciclo (item (e) do teorema 4.1).

O valor ótimo obtido é, então, de 33 unidades.

Leia o ítem 4.4 e observe que este é um *algoritmo guloso*: escolhe-se sempre a aresta mais barata, antes de submetê-la à condição de não formação de ciclo.

A APCM aparece no último esquema com os índices originais dos vértices.
O seu valor é o da soma dos valores das arestas, que é igual a 33 unidades.

Falta apenas formalizar o nosso algoritmo:

```
início      [ dados: grafo G = (V,E) valorado nas arestas ]
   para todo i de 1 a n fazer v(i) ← i; t ← 0; k ← 0; T ← ∅;     [ T: arestas da árvore ]
   ordenar o conjunto de arestas em ordem não-decrescente;
   enquanto t ≤ n -1 fazer                                         [ t: contador de arestas da árvore ]
      início
         k ← k + 1;                                                [ k; contador de iterações ; u(k) = (i,j) aresta da vez ]
         se v(i) ≠ v(j) então
            início
               para todo v(q) | v(q) = max [ v(i), v(j) ] fazer v(q) = min [ v(i), v(j) ]
               T ← T ∪ (i,j);                                      [ adiciona a aresta à árvore ]
               t ← t + 1;
            fim;
      fim;
fim.
```

4.3.3 Algoritmo de Prim

Este algoritmo monta a árvore a partir de um vértice, introduzindo de cada vez o vértice mais próximo aos já introduzidos. Esta proximidade vai ser dada pela **menor aresta** entre os já escolhidos e os que ainda estão fora. Como um novo vértice pode modificar esta situação, temos de atualizar a lista de proximidades a cada iteração.

O algoritmo pode ser resumido assim:

> *Formar uma árvore, incluindo a cada passo a aresta de menor peso que ligue a ela um vértice fora dela.*

No nosso exemplo, a sequência e a árvore resultante seriam:

Aresta	Vértices incluídos	Valor
(1,2)	{1,2}	4
(2,6)	{1,2,6}	3
(6,9)	{1,2,6,9}	5
(2,3)	{1,2,3,6,9}	7
(3,4)	{1,2,3,4,6,9}	5
(4,5)	{1,2,3,4,5,6,9}	3
(5,7)	{1,2,3,4,5,6,7,9}	2
(5,8)	{1,2,3,4,5,6,7,8,9}	4

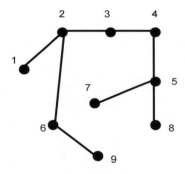

A árvore é a mesma, mas a ordem de entrada foi diferente e não precisamos examinar os ciclos. Vamos então detalhar a construção, deixando que você construa os subgrafos que irão aparecendo.

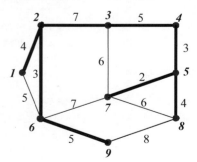

Vamos trabalhar com o mesmo grafo já utilizado e tomar o vértice 1 como base para o início. Temos então os vizinhos 2 (custo 4) e 6 (custo 5): **então escolhemos 2**.

Nossa árvore tem então os vértices 1 e 2 e a aresta (1,2), que vale 4.

Os vizinhos de {1, 2} são 3 (custo 7) e 6 (custos 3 e 5): **escolhemos 6**, com custo 3 (aresta (6,2)). Observe que 6 tem arestas tanto com 1 como com 2.

Nossa árvore tem então os vértices 1,2 e 6 e as arestas (1,2) e (2,6), que valem 7.

Os vizinhos de {1,2,6} são 3 (custo 7), 7 (custo 7) e 9 (custo 5): escolhemos 9. Nossa árvore tem então os vértices 1, 2, 6 e 9 e as arestas (1,2), (2,6) e (6,9), que valem 12.

Agora os vizinhos de {1,2,6,9} são 3 (custo 7), 7 (custo 7) e 8 (custo 8): escolhemos 3 (preferência para o menor índice, em caso de empate). Nossa árvore tem então os vértices 1, 2, 3, 6 e 9 e as arestas (1,2), (2,6), (6,9) e (2,3), que valem 19.

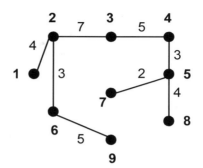

Neste caso, obtivemos a mesma árvore apontada pelo algoritmo de Kruskal. Isto pode não acontecer, se o grafo possuir mais de uma APCM, embora o peso total seja sempre o mesmo: podemos ver que a montagem vértice a vértice não obedece a uma ordem de valores das arestas, ao contrário do algoritmo de Kruskal.

Agora, a formalização.

```
    início                    [ dados: grafo G = (V,E) valorado nas arestas ] ; valor ← ∞; custo ← 0;
        T ← {1}; E(T) ← ∅;                      [T e E(T): vértices e arestas da árvore ]
        enquanto | T | < n  fazer
            início
                para todo k ∈ T fazer           [ examinar vértices já escolhidos ]
                    início
                        para todo i ∈ V – T fazer   [ examinar vértices ainda não escolhidos ]
                            se v_ki < valor então
                                início
                                    valor ← v_ki; vesc ← k; vnovo ← i;
                                fim;
                    fim;
                custo ← custo + valor; T ← T ∪ {vnovo}; E(T) ← E(T) ∪ (vesc, vnovo); valor ← ∞;
            fim;
    fim.
```

Falta-nos agora mostrar que os algoritmos realmente nos dão a árvore parcial **mínima**. Afinal, desprezamos duas arestas de peso 6 e usamos uma de peso 7. Isso nos traz a discussão dos **algoritmos gulosos**.

4.4 Algoritmos gulosos

O algoritmo de Kruskal é o que chamamos de um *algoritmo guloso*. Esse nome curioso explica bem o que queremos dizer – um algoritmo que faz as escolhas pela melhor solução imediata, sem levar em conta possíveis consequências futuras...

O problema da APCM é um dos poucos que podemos solucionar de forma ótima com um algoritmo guloso. Isso é uma pena, pois esse tipo de algoritmo é fácil de implementar e tem complexidade baixa.

A título de exemplo, vamos examinar um problema que será visto depois com mais detalhes, o *problema de alocação linear*. Veremos que a gula, nesse caso, será castigada.

Suponhamos que temos 3 máquinas e que desejamos alocá-las a 3 tarefas diferentes. Em vista de peculiaridades do equipamento e das tarefas o custo por hora varia, e é dado pela tabela abaixo:

Custo por hora	Tarefa 1	Tarefa 2	Tarefa 3
Máquina 1	4	4	2
Máquina 2	11	10	4
Máquina 3	30	11	6

Um comportamento guloso nos faria alocar a máquina 1 à tarefa 3 (e, portanto, não voltar a utilizar a linha 1 e a coluna 3 da tabela) :

Custo por hora	Tarefa 1	Tarefa 2	Tarefa 3
Máquina 1	4	4	2
Máquina 2	11	10	4
Máquina 3	30	11	6

A escolha seguinte, ainda pela atitude gulosa, seria alocar a máquina 2 à tarefa 2.

Nossa única possibilidade, então, seria alocar a máquina 3 à tarefa 1.

Nosso custo total seria de 42.

A *melhor solução*, no entanto, seria 1-1, 2-3, 3-2, com um custo total 19.

Observação: No *Capítulo 5* veremos que há um algoritmo eficiente para este problema, mas que não é do tipo guloso.

Enfim, algoritmos gulosos são interessantes quando não estamos muito preocupados com a qualidade da solução, pois são rápidos e fáceis de programar. Mas são muito raros os casos em que eles funcionam bem.

Felizmente, no nosso caso, o algoritmo funciona bem, como poderemos demonstrar :

Teorema 4.2 : O algoritmo de Kruskal fornece uma solução ótima para o problema da interligação a custo mínimo.

Demonstração : Suponhamos que T não tenha peso mínimo, isto é, existe uma árvore parcial T' tal que o peso de T' é menor do que o peso de T. Seja **e** a primeira aresta escolhida para T que não pertence a T'. Se adicionarmos **e** a T' obtemos um ciclo que contém uma aresta e_k que não está em T. Retiramos a aresta e_k e temos uma árvore T" com peso menor que T. Mas nesse caso essa aresta e_k teria sido escolhida pelo algoritmo no lugar de **e,** o que mostra que o algoritmo constroi efetivamente uma árvore de menor peso. ■

4.5 A questão da complexidade

Aqui cabe uma dúvida.

Porque estaríamos nos preocupando em discutir um tipo de algorítmo que não oferece garantia de boas soluções, a não ser em casos muito especiais como o da APCM? O que nos levou a pensar em usá-lo onde ele não funciona bem?

Grafos : introdução e prática

> Em problemas combinatórios, como os de grafos, aparece uma questão muito importante, que é a da *complexidade* do problema, que pode ser entendida como a *quantidade de passos elementares necessária para que um programa de computador resolva exatamente um problema.*

Para iniciar a discussão, vamos pensar nos algorítmos de caminho mínimo do **Capítulo 3**. Vimos que o algorítmo de Dijkstra, por exemplo, examina os sucessores de cada vértice tomado como nova raiz da iteração. Em um caso extremo, ele poderia ter de examinar n - 1 vértices assim na primeira iteração, n - 2 na segunda etc., até chegar a um único ao final. A soma destes termos (de 1 a $n - 1$) é igual a $n(n - 1)/2$, que é um termo quadrático. Então dizemos que a complexidade do algorítmo de Dijkstra e, portanto, do problema do caminho mínimo a partir de um vértice é, no pior caso (se tivéssemos inspeções feitas como foi descrito), *da ordem de n^2*, ou abreviadamente O(n^2).

Já o algorítmo de Floyd toma um vértice como base da iteração e examina todos os pares de vértices em relação a ele, para ver se ele é o intermediário de caminhos entre estes pares. Como há n vértices e o número de pares orientados é $n(n - 1)$, temos agora $n^2(n - 1)$ testes (ordem cúbica). O algorítmo de Floyd e, portanto, o problema de achar os caminhos mínimos unindo todos os pares de vértices de um grafo, é O(n^3).

Estes exemplos são bastante simples : poderíamos imaginar um problema cujo algorítmo (exato, como os que vimos acima) fosse O($n^3 + 3n^2$). Esta expressão é um polinômio – uma função algébrica, como as que a precederam.

> ***Por isso dizemos que algorítmos como esses são polinomiais***. Um algorítmo polinomial pode levar tempo a ser resolvido em um computador : os expoentes podem ser maiores do que os destes exemplos – mas, dado um tempo razoável, achar uma solução exata será sempre possível. Mais ainda, no caso dos algoritmos polinomiais, se comprarmos um computador mais potente, o tempo de execução poderá ser sensivelmente reduzido.

> ***Há, no entanto, problemas que não mostram essa facilidade***.

Problemas cuja resolução depende da *inspeção de subconjuntos* de vértices não possuem algorítmos polinomiais conhecidos : basta lembrar que o *conjunto de partes*, ou de *subconjuntos*, de um conjunto dado, é uma *função exponencial* da cardinalidade do conjunto : se ele tiver n elementos, haverá 2^n - 1 subconjuntos dele não vazios. Um exemplo é dado pelos problemas de conjuntos independentes, do **Capítulo 5**, e de coloração, do **Capítulo 6** : não há como resolvê-los exatamente sem uma inspeção, ou uma construção, de um número **exponencial** de subconjuntos de vértices, ou de arestas.

Por outro lado, problemas que dependam da *inspeção das permutações* dos elementos de um conjunto podem exigir algorítmos exponenciais : lembramos que o número de permutações de um conjunto com n elementos é $n!$, valor que pode ser aproximado pela expressão exponencial $n^n e^{-n}(2\pi n)^{\frac{1}{2}}$. Um exemplo são os problemas hamiltonianos, abordados no **Capítulo 8**.

A teoria avançada da complexidade é uma área aberta de pesquisa bastante difícil. Sem entrar em maiores detalhes, queremos apenas adiantar que há problemas para os quais não se conhecem algorítmos polinomiais. Um problema deste tipo é abordado em geral através do uso de *heurísticas*, que são procedimentos polinomiais (ou algoritmos) munidos de regras que, embora não tenham sido matematicamente provadas como conduzindo a uma solução ótima do problema, são "regras inteligentes" que permitem a obtenção de soluções subótimas de boa qualidade, em tempo polinomial.

Para que tenhamos uma idéia das implicações da complexidade exponencial, apresentamos abaixo uma tabela com estimativas do tempo de computação para algorítmos de diversas complexidades, considerando-se uma máquina capaz de resolver exatamente um algorítmo O(n) de um grafo com 10 vértices em 10^{-6} segundos :

n	$O(n)$	$O(n^2)$	$O(n^3)$	$O(2^n)$
10	10^{-6} seg	10^{-4} seg	10^{-3} seg	10^{-3} seg
50	5.10^{-6} seg	$2,5.10^{-3}$ seg	0,125 seg	35,7 anos
100	10^{-5} seg	10^{-2} seg	1 seg	4×10^{14} séculos
500	5.10^{-5} seg	0,25 seg	2 min 25 seg	$1,03.10^{135}$ séculos

4.6 Outros problemas de interligação

Há muitas variantes do problema da APCM, que aparecem em diversas aplicações. A maioria delas é de complexidade exponencial, em vista de restrições adicionais, ou características ligadas à estrutura dos problemas. Discutiremos aqui, sem maiores detalhes, algums dessas variantes.

O *problema de Steiner* diz respeito a uma questão que aparece quando a valoração da árvore tem a ver com as distâncias dos seus vértices no espaço tridimensional. Isto cria um conflito entre a otimização sobre a estrutura do grafo suporte e as menores distâncias no sentido euclidiano, que leva à introdução de pontos adicionais na árvore, gerando um número exponencial de possibilidades.

O *problema generalizado da árvore mínima* tem a ver, por exemplo, com a construção de redes de irrigação em regiões áridas (onde, portanto, não há muitos recursos hídricos disponíveis, à exceção, talvez, de um poço ou de um açude). Então a terra estará dividida em um certo número de fazendas e a rede « pública » deve atingir ao menos um ponto no interior de cada fazenda, a irrigação a partir desse ponto estando a cargo do proprietário. Este problema equivale à procura da *sub-árvore parcial* de menor custo capaz de atingir ao menos um vértice de cada elemento de uma *partição* dada do conjunto de vértices. Ele é de complexidade exponencial.

Um segundo exemplo é o da *APCM de graus limitados*. Ele aparece em situações relacionadas com redes telefônicas rurais e também com redes de metrô e corresponde a uma situação na qual cada vértice da árvore tem um número limitado de arestas adjacentes. Como o anterior, ele é de complexidade exponencial.

Em redes telefônicas interurbanas é importante considerar o número de ligações entre duas cidades dadas, cada uma correspondendo a um vértice do grafo-suporte. Isto permite que se especifique o número de « pares » (conexões telefônicas, que podem ser por fios ou por micro-ondas) a serem instalados em um trecho (correspondente a uma aresta). Este é o *problema da árvore parcial de comunicação ótima* e é, como os anteriores, de complexidade exponencial.

Até aqui falamos, neste capítulo, apenas de grafos <u>não orientados</u>. Isto porque em um problema de interligação como os que discutimos, não interessa a direção de onde vem a comunicação (deve haver ida e volta), ou a energia elétrica.

Vamos pensar por um momento, no entanto, em uma rede de abastecimento de água. Ela chega às torneiras, habitualmente, através de canos de meia polegada de diâmetro, ou outra medida dessa ordem. Mas a entrada da casa, onde fica o registro, exige habitualmente um cano mais grosso, talvez de uma polegada; na rua, passa um cano da rede urbana que vai ter, no mímimo, algo como quatro polegadas e se houver prédios altos na rua, bem mais do que isso. E assim por diante, até se chegar às grandes adutoras que trazem água para as cidades.

Ao formular o problema da APCM, não nos preocupamos em saber onde ele começava: no caso do nosso exemplo, de onde vinha a energia elétrica. Aqui, as coisas não funcionam do mesmo jeito: é importante que se saiba de onde vem a água, porque ali as tubulações terão de ser de maior diâmetro e – é claro – de maior custo. Portanto este problema tem uma **hierarquia de arestas** e um **vértice origem**, que é onde se origina a interligação.

Grafos : introdução e prática

O modelo de grafo para este problema terá de usar, portanto, uma estrutura orientada e procurar uma arborescência: no caso, uma *arborescência parcial de custo mínimo* (<u>ArPCM</u>).

Exercícios – Capítulo 4

1. Desenhe todas as árvores com 6 vértices e com 7 vértices.

2. Mostre que um grafo conexo, com n vértices e m arestas, tem, no mínimo, $m - n + 1$ ciclos distintos.

3. (a) Determine todas as árvores parciais do grafo G abaixo.

   (b) Você pode garantir que determinou realmente todas?

   (c) O processo que você utilizou seria eficaz para o grafo H?

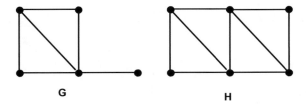

4. Mostre que toda árvore é um grafo bipartido.

5. Quais árvores são também grafos bipartidos completos?

6. Como podemos adaptar o algoritmo de Kruskal para obter o valor de uma árvore parcial de valor máximo?

7. Prove que um grafo conexo é uma árvore se e somente se tem uma única árvore parcial.

8. Prove que uma árvore com $\Delta > 1$ tem, no mínimo, Δ vértices pendentes.

9. Um grafo G é *autocomplementar* se e somente se $\overline{G} = G$.

   - Que ordem deve ter uma árvore autocomplementar?
   - Quais serão as árvores autocomplementares?

10. Um *vértice separador* é um vértice cuja remoção desconecta o grafo. Prove que uma árvore em que exatamente 2 vértices não são vértices separadores é um caminho.

11. a) O grafo abaixo representa a interligação entre diversas localidades. Cada aresta representa um caminho de *1 km*. Qual o valor do **menor** percurso total para sair do ponto A, passar por **todas** as localidades e retornar ao ponto **A**?

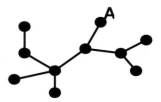

b) Dado um grafo conexo qualquer com n vértices e m arestas de valor 1, qual é o valor **máximo** necessário para um caminho que sai de um certo vértice, passa por todos os vértices e retorna ao vértice inicial. (**Dica:** Todo grafo conexo possui uma árvore abrangente).

c) Como o problema ficaria afetado se as arestas tivessem valores positivos eventualmente diferentes de 1?

Grafos : introdução e prática　　　　　　　　　　　　　　　　　　　　　　　　　　　　　　　　　　　　　　　83

12. Construa uma árvore com 8 vértices, que tenha um número máximo de graus diferentes.

13. A Paciência Húngara

Um "número triangular" é um número produzido por somas do tipo 1 + 2 + 3.... Os primeiros números triangulares são 1, 3, 6, 10. A Paciência Húngara se joga com um número triangular de cartas – por exemplo, 10 cartas.

　　a.　Dividimos as cartas em montes da forma que desejarmos. No nosso caso um exemplo seria:

　　　　3 cartas　4 cartas　3 cartas

　　b.　A partir daí tiramos uma carta de cada monte e formamos outro monte:

　　　　2 cartas　3 cartas　2 cartas　3 cartas

　　O jogo termina quando chegamos à divisão "canônica" : 4,3,2,1. (Isso sempre acontece!)

Uma *partição* de um número inteiro *k* é uma sequêrncia de inteiros (*a,b,c*,...) cuja soma seja *k*. Uma partição é, habitualmente, apresentada em ordem não crescente (veja abaixo).

　　　　Atenção: Não confundir com a noção de ***partição*** aplicada a ***conjuntos***.

Podemos fazer uma árvore (na verdade uma arborescência, pois temos uma orientação mostrando como a paciência se comporta para toda partição). Por exemplo se começamos com **6 cartas** as partições possíveis são:

(6) (5,1) (4,2) (4,1,1) (3,3) (3,2,1) (3,1,1,1) (2,2,2) (2,2,1,1) (2,1,1,1,1) (1,1,1,1,1,1)

Nossa árvore ficaria assim:

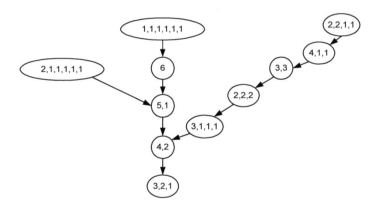

Construa a árvore para a Paciência Húngara de 10 cartas. (Pista: existem 36 partições)

14. Experimente construir uma Paciência Húngara com um número não triangular (por exemplo, 7) e observe o que acontece.

15. Refaça os exemplos dos algoritmos de Prim e de Kruskal e verifique que a árvore obtida é a da figura mostrada ao final.

16. Considere uma situação em que se deseja minimizar o custo de instalação de uma rede elétrica para distribuição de baixa tensão pelas casas de um novo bairro. Considere ainda que se deseje também minimizar o custo de instalação de uma rede de telefones fixos nas mesmas casas.

　　•　Você diria que o mesmo modelo é válido para as duas situações?

　　•　Quais seriam as diferenças a serem apontadas e quais as consequências dessas diferenças?

- Apresente um exemplo.

17. Em um bairro existem duas associações de moradores que divergem em relação às providências a serem solicitadas à subprefeitura, a qual obteve uma verba para melhorar a iluminação urbana, instalando-a, de início, nas esquinas. O gasto de cabos deve ser o menor possível e cada associação quer fazer a instalação nas ruas onde moram seus associados, como se o restante do bairro não existisse. O pároco local, depois de muita discussão, conseguiu convencer as duas diretorias a trabalhar por um projeto conjunto.

No esquema abaixo, as linhas tracejadas indicam as ruas onde predomina a Associação 1 e as linhas cheias correspondem ao mando da Associação 2. Os números são distâncias em metros.

Quanto iria custar a rede (custo/metro R$ 500,00) se os dois projetos fossem feitos em separado? Quanto custou afinal a rede, após feito o acordo?

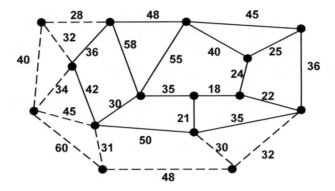

18. O grafo abaixo representa todas as *possibilidades* de ligações entre as cidades a serem abastecidas pela rede de alta tensão associada a uma grande hidroelétrica (H) que está em final de construção. Os valores das arestas estão em milhões de reais

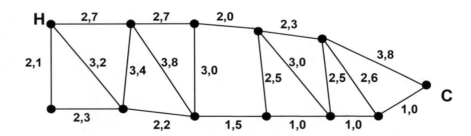

A cidade (C) é, de longe, a maior consumidora, e sua prefeitura pressiona no sentido da instalação da rede ser iniciada pelos trechos necessários ao seu abastecimento. Qual a forma a mais econômica de fazer isso? Esta reivindicação de (C) implica, ou não, em maior despesa para os cofres públicos, no que diz respeito à construção de toda a rede?

19. Observe os dois grafos abaixo, nos quais uma árvore parcial está indicada pelas arestas cheias. Examine agora o seu complemento em relação ao grafo (que se chama uma *coárvore*), cujas arestas estão tracejadas nos esquemas.

Mostre que, se você adicionar à árvore duas arestas da coárvore:

- se elas não forem adjacentes, você gerará exatamente dois ciclos;
- se elas forem adjacentes, você poderá gerar mais de dois ciclos.

*Pelos estatutos
Da nossa gafieira
Dance a noite inteira
Mas dance direito*

Billy Blanco
Estatuto da Gafieira

Capítulo 5: Subconjuntos especiais

5.1 Subconjuntos independentes

No **Capítulo 2**, discutimos a ausência de ligações entre os vértices de certos subconjuntos de vértices, como ocorre nos grafos bipartidos. Os *conjuntos independentes*, que discutiremos aqui em maior detalhe, podem representar um papel importante em uma modelagem.

Suponhamos que um grafo represente a incompatibilidade de horários entre professores que devem dar prova final; os vértice **x** e **y** estarão ligados se representarem professores que tem alunos em comum para ministrar a prova. Qual o maior número de professores que podem dar prova ao mesmo tempo? A resposta é dada por um subconjunto independente máximo de vértices do grafo.

Um ponto importante é diferenciar conjuntos maximais (respectivamente minimais) de conjuntos máximos (respectivamente mínimos). Vamos examinar por exemplo o ciclo C_6:

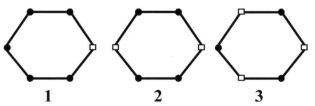

No grafo 1, o quadrado branco mostra um subconjunto independente; ele pode ser aumentado, como vemos no 2. Não podemos acrescentar nenhum vértice a ele, sem perder a independência; por isso dizemos que foi achado um conjunto independente maximal. Mas existe um subconjunto independente com cardinalidade maior, como vemos em 3. Nesse último grafo, o conjunto de vértices assinalado por quadrados é independente máximo.

O *número de independência*, notação $\alpha(G)$ é a cardinalidade de um subconjunto independente máximo de vértices do grafo.

Como encontrar o número de independência? Este é um problema para o qual não há ainda um algoritmo eficiente. Vamos dar um exemplo usando um algoritmo guloso.

Uma ideia gulosa seria: "Percorremos os vértices do grafo; se não houver conflitos de independência acrescentamos o vértice ao conjunto".

Vamos experimentar, com o exemplo a seguir.

a	Entra no conjunto
b	Conflito
c	Entra no conjunto
d	Conflito
e	Entra no conjunto
f	Conflito
Conjunto	{a,c,e}

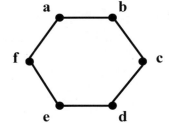

E conseguimos de fato um conjunto independente *máximo*.

Mas, e se os vértices estiverem em outra ordem?

Então, pelo mesmo processo, teremos

a	Entra no conjunto
b	Entra no conjunto
c	Conflito
d	Conflito
e	Conflito
f	Conflito
Conjunto	{a,b}

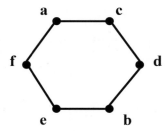

O conjunto é maximal, mas não é máximo.

Podemos ainda imaginar um resultado muito pior. Se no grafo a seguir escolhemos primeiro o vértice **a**, a diferença entre o que obtemos e o resultado máximo é tão grande quanto queiramos, ao variarmos o valor de *n*. (Esta classe é a dos chamados *grafos estrela*). Experimente começar assim e, depois, começar com outro vértice).

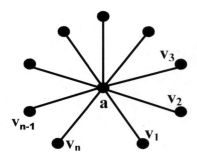

Uma noção complementar da de conjunto independente é a de **clique**. Vimos (**Capítulo 2**) que uma *clique* de G é um subgrafo completo de G. O número de vértices da clique máxima é o *número de clique* de G, notação ω(G). Note-se que uma clique em G corresponde a um conjunto independente no grafo complementar $\overline{G}$, isto é, ω(G) = α($\overline{G}$).

Grafos: introdução e prática

Aplicações do conceito de conjunto independente surgem quando, por exemplo, desejamos evitar duplicação de esforços. Suponhamos que no grafo a seguir, representando um parque, pensássemos em instalar barracas para venda de sorvete. A operadora das barracas faz as seguintes restrições:

- Uma barraca deve ser localizada em uma esquina (vértice).
- Esquinas próximas (vértices adjacentes) só admitem uma barraca.

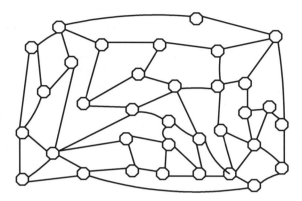

Estamos então procurando um conjunto independente. Para instalar o *máximo* de barracas, procuramos um conjunto independente máximo. Já vimos que esta pode ser uma tarefa complexa. A figura da esquerda a seguir mostra um conjunto independente maximal, isto é, não podemos acrescentar mais barracas de sorvete. Mas a configuração da direita também é independente e contém quase o dobro de barracas.

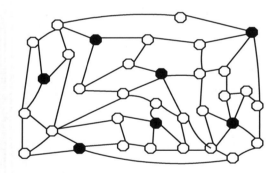
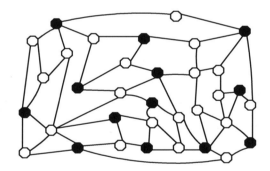

5.2 Expressão do problema por programação linear inteira

Uma forma computacional interessante de abordar problemas de subconjuntos de grafos é usando a formulação de um problema de programação (linear) inteira (PPLI). Tomemos como exemplo o problema de encontrar o número de independência $\alpha(G)$ do grafo ao lado.

Como saber se um conjunto é independente? Começamos por tomar a transposta B^t da sua matriz de incidência B:

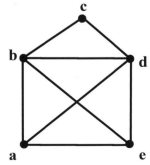

	a	b	c	d	e
ab	1	1	0	0	0
ad	1	0	0	1	0
ae	1	0	0	0	1
bc	0	1	1	0	0
bd	0	1	0	1	0
be	0	1	0	0	1
cd	0	0	1	1	0
de	0	0	0	1	1

Tomamos agora um conjunto de vértices que suspeitamos que seja independente, por exemplo {a,c,e}. Construímos um *vetor característico,* ou *vetor de presença* (1 se o vértice está no conjunto, 0 senão). O vetor é $x = (1,0,1,0,1)$.

Se multiplicarmos B^t por x, estaremos multiplicando linhas representativas de arestas pelo vetor **x**. Se os dois vértices que aparecem na linha da aresta **coincidirem** com dois elementos do nosso vetor, o nosso conjunto terá dois vértices adjacentes.

O produto $B^t x$, não pode, portanto, resultar em nenhuma posição com valor maior que 1. No nosso caso, o vetor resultante seria $B^t x = (1,1,2,1,0,1,1,1)$, o que mostra que {a,c,e} não é um conjunto independente. O valor 2 que aparece na terceira posição indica que os vértices *a* e *e* (aresta *(a,e)* na terceira linha da matriz) são adjacentes. Resumimos o problema na seguinte forma:

Maximizar 1.x

sujeito a

$$B^t x \leq 1$$

$$x_i \in \{0,1\}$$

Observação: neste modelo, o **1** em negrito representa um <u>vetor</u> formado de 1´s).

Se escolhermos o conjunto {c,e}, o vetor característico é (0,0,1,0,1) e multiplicando B^t por esse vetor obtemos (0,0,1,1,0,1,1,1); logo o conjunto é independente.

Observação: Este problema, como já discutimos, é de complexidade exponencial. Utilizamos o modelo de PLI para <u>testar</u> subconjuntos de vértices que nos interessam, visto que, se a técnica for aplicada a todos eles, o tempo de processamento será uma função exponencial da ordem do grafo. Se quisermos <u>resolver</u> o problema (achar o valor de $\alpha(G)$, ou uma aproximação), teremos de usar um <u>*método de enumeração implícita*</u> que nos permita economizar tempo na geração dos conjuntos a serem testados (descartando combinações de menor cardinalidade). Mesmo assim, não se escapa da complexidade exponencial.

5.3 Conjuntos dominantes

5.3.1 Definição e discussão

Um c*onjunto dominante* é um subconjunto de vértices tal que todo vértice do grafo está no conjunto e/ou é adjacente a um de seus vértices.

O *número de dominação* de um grafo G, notação $\gamma(G)$, é a cardinalidade do **menor** conjunto dominante de G.

O nome vem das aplicações, que têm a ver, habitualmente, com **controle** ou **vigilância**: por isso se procura um <u>conjunto de cardinalidade mínima</u>, cujos vértices podem estar associados, por exemplo, a câmeras de segurança instaladas em lugares públicos, ou a radares que devam cobrir uma determinada área. Os problemas podem envolver

Grafos: introdução e prática

grafos orientados em determinadas situações, como, por exemplo, quando um ponto de controle deve controlar outro ponto de controle, em sequência.

Tal como no caso de α(G), até hoje não temos um algoritmo polinomial para determinar γ(G). Um algoritmo guloso pode ser obtido examinando os 2^n subconjuntos de V e verificando se são ou não dominantes, o que naturalmente resulta em uma complexidade exponencial.

Uma simplificação pode ser obtida usando o teorema a seguir.

Teorema 5.1: Se S ⊂ V é um conjunto dominante minimal de um grafo conexo G = (V,E), então V − S também o é.

Demonstração: Pelas condições do teorema, todos os vértices de V − S são adjacentes a um vértice de S. Pela minimalidade, todo vértice v de S também é adjacente a algum vértice de V − S, senão S − {v} seria também dominante. Logo V − S é também dominante. ∎

Com este resultado, basta verificar os subconjuntos com até $2^{n/2}$ vértices mas, ainda assim, o algoritmo é de complexidade exponencial.

O grafo que usamos no estudo da independência nos servirá outra vez. Observe que nos dois casos o subconjunto assinalado por pontos negros é dominante minimal, mas o da direita é bastante menor. Na verdade, veremos que ele é mínimo.

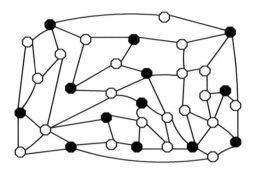 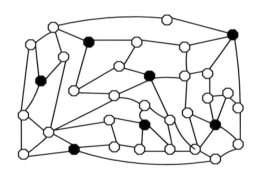

Um algoritmo guloso que ocorre naturalmente seria escolher primeiro os vértices de grau máximo. O exemplo a seguir mostra que isso não é eficiente.

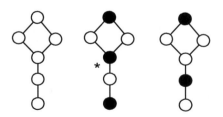

De fato, se usarmos o critério de utilizar o vértice de grau máximo (marcado com *), seremos obrigados a usar 3 vértices para dominar o grafo. Mas o número mínimo é 2.

Portanto, o vértice de grau máximo não pertence, obrigatoriamente, a um conjunto dominante mínimo. Mas como sabemos que o conjunto finalmente obtido é realmente mínimo? Bem, vamos confessar que o grafo foi construído para que esse fosse o único conjunto dominante mínimo. Vamos descrever esse processo:

Primeiramente, desenhamos algumas "estrelas", isto é, grafos do tipo $K_{1,s}$ (veja o i*tem 5.1*):

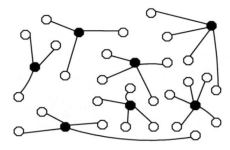

Estas estrelas necessitam de 7 vértices para dominá-las, os "centros", assinalados em preto. Agora ligamos as diferentes estrelas com arestas que usem apenas vértices <u>brancos</u>. Dessa forma, os 7 vértices <u>pretos</u> originais continuam suficientes para poder dominar o grafo minimamente.

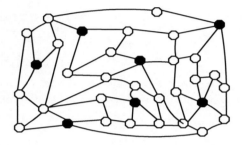
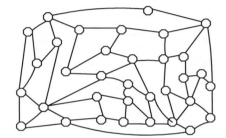

Finalmente, apresentamos o grafo com todos os vértices brancos. Se não soubéssemos que ele tinha sido construído dessa forma, teríamos dificuldade em determinar $\gamma(G)$. Lembremos que, em geral, tais grafos vem de modelos de problemas reais e que nesse caso não temos como adivinhar qual seria o conjunto dominante mínimo.

Uma última observação: um conjunto independente maximal de um grafo conexo é sempre dominante (a prova é deixada ao leitor) mas um conjunto dominante mínimo pode não ser independente, como mostra a figura a seguir.

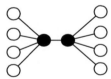

5.3.2 O uso da programação linear inteira

Para obter o número de dominação usaremos a matriz A + I, ou seja, a matriz de adjacência com a diagonal principal preenchida por unidades. O princípio é simples: representando o conjunto por um vetor de presença (como fizemos antes), ao multiplicarmos a linha correspondente ao vértice v_i verificamos se esse vértice é dominado por algum vértice representado no vetor. A modificação na diagonal se deve ao fato que um vértice domina a si mesmo. No nosso caso se queremos saber se {a, b, c} é um conjunto dominante faremos:

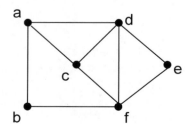

	a	b	c	d	e	f
a	1	1	1	1	0	0
b	1	1	0	0	0	1
c	1	0	1	1	0	1
d	1	0	1	1	1	1
e	0	0	0	1	1	1
f	0	1	1	1	1	1

Grafos: introdução e prática 93

Multiplicando a matriz pelo vetor (1,1,1,0,0,0) obtemos o vetor (3,2,2,2,0,2) mostrando que o vértice *e* não foi dominado, logo {a,b,c} não é um subconjunto dominante do grafo.

Se multiplicarmos pelo vetor (1,0,0,0,0,1) obtemos o vetor (1,2,2,2,1,1), mostrando que o conjunto {a,f} é dominante. A formulação para a obtenção de $\gamma(G)$ é então

min Σ x_i

sujeito a:

(A + I).x $\geq$ 1

$x_i \in \{0,1\}$

As mesmas observações relativas à complexidade, feitas em relação ao problema do conjunto independente máximo, são válidas aqui.

5.4 Acoplamentos

Da mesma forma que selecionamos um conjunto independente de vértices, podemos considerar um conjunto independente de arestas, isto é, de arestas não incidentes duas a duas. Um conjunto deste tipo é chamado um *acoplamento* de um grafo G = (V,E).

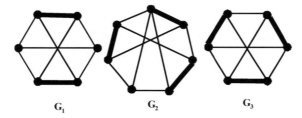

Na figura anterior o acoplamento em G_1 é **maximal** (pois não pode ser aumentado), mas não é máximo.

O acoplamento em G_2 é máximo, mas não toca todos os vértices; os que são tocados são ditos vértices *saturados* e os outros vértices *não saturados*.

O acoplamento em G_3 é máximo e satura todos os vértices; dizemos então que é um *acoplamento perfeito*. (É claro que um grafo com ordem ímpar não pode ter um acoplamento perfeito).

O *número de acoplamento* de um grafo G, notação $\alpha'(G)$, é a cardinalidade do maior acoplamento de G.

Dado um grafo G e um acoplamento M, uma *cadeia M-aumentante* em G é um percurso que liga dois vértices <u>não saturados</u> por M e que alterna arestas de M com arestas de E − M.

É evidente que se encontrarmos uma cadeia M-aumentante podemos aumentar o acoplamento:

Cadeia aumentante

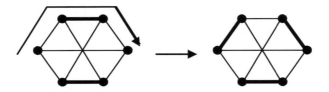

O teorema a seguir mostra que este é o único modo de aumentar um acoplamento.

> **Teorema 5.2:** Um acoplamento M de um grafo G é máximo se e só se não contém uma cadeia M-aumentante.
>
> **Demonstração:**
>
> ⇒ Suponhamos por absurdo que M seja máximo e que haja uma cadeia M-aumentante. Podemos obter um acoplamento de cardinalidade uma unidade maior, adicionando as arestas da cadeia fora de M ao acoplamento e retirando as arestas em M do acoplamento. A definição de cadeia aumentante garante que o resultado é ainda um acoplamento, logo M não era máximo.
>
> ⇐ Se M não for máximo, então existe M' máximo. Considere D = M Δ M', a diferença simétrica entre M e M' (isto é, o conjunto das arestas que pertencem a M ou a M' mas não aos dois). Como M e M' são acoplamentos, os vértices em D tem grau no máximo 2, pois os vértices de cada acoplamento têm grau 1. Logo, as componentes de D são ciclos pares (alternam arestas de M e M') ou caminhos. Como |M'| > |M|, uma das componentes ao menos é um caminho alternando arestas de M' e M começando e terminando em M'. Temos portanto uma cadeia M-aumentante. ∎

Veja o exemplo a seguir e acompanhe nele a ampliação de M.

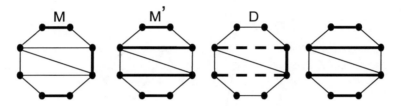

Observe a cadeia aumentante em D, formada pelas duas arestas tracejadas e pela aresta do lado direito entre elas.

5.5 Acoplamentos em grafos bipartidos

Um acoplamento modela situações em que formamos pares; se o grafo G for bipartido, um acoplamento pode ser visto como um conjunto de casais, e é estudado de forma ligeiramente diferente.

Seja G um grafo bipartido com uma partição (X, Y) dos vértices. Dizemos que temos um *acoplamento de X em Y* quando um acoplamento de G satura Y (mas não necessariamente X).

Apresentamos o seguinte teorema, sem demonstração:

> **Teorema 5.3 (Hall):** Seja G um grafo bipartido com uma partição de vértices {X,Y}. Então G tem um acoplamento de X em Y se e só se $|N(S)| \geq |S|$ para todo $S \subset X$.
>
> **Demonstração:** Ver em Boaventura (2012). ∎
>
> **Corolário:** Se $k > 0$, qualquer grafo k-regular bipartido admite um acoplamento perfeito.
>
> **Demonstração:** Começamos contando as arestas pelas extremidades em X e Y, definidos como acima; cada aresta tem uma extremidade em X e outra em Y, logo $k.|X| = k.|Y|$ e portanto $|X| = |Y|$. Só precisamos então provar a condição de Hall.
>
> Considere $S \subset X$, tal que haja r arestas entre S e N(S). Sendo G k-regular, temos que $r = k.|S|$. Do lado de Y temos $r \leq k.|N(S)|$. Logo $k.|S| \leq k.|N(S)|$ e finalmente $|S| \leq |N(S)|$. ∎

Os acoplamentos em grafos bipartidos valorados nos oferecem um importante problema e um belo algoritmo que examinaremos a seguir, no item 5.6. Antes, porém, vejamos como fica o problema de PLI para grafos sem valoração.

Aqui, utilizamos a matriz de incidência B(G) (e não mais a transposta) multiplicando-a por um vetor de presença de arestas. O resultado será um vetor do tipo *n x 1*, onde cada posição dirá quantas vezes um vértice é tocado pelo conjunto de arestas representado.

Construa a matriz de incidência do grafo utilizado no teste de conjuntos dominantes e observe os vetores de presença de arestas (0,1,0,0,0,0,1,1,0) correspondente ao conjunto {ac,de,df} e (1,0,0,0,1,0,0,0,1) correspondente ao conjunto {ab,cd,ef}. Ao multiplicar a matriz de incidência por (0,1,0,0,0,0,1,1,0) obtemos (1,0,1,2,1,1) mostrando que o vértice *d* pertence a duas arestas do conjunto {ac,de,df} e que portanto o conjunto não é um acoplamento.

Por outro lado, se multiplicarmos a matriz de incidência por (1,0,0,0,1,0,0,0,1), obtemos (1,1,1,1,1,1) mostrando que o conjunto é um acoplamento (aliás, perfeito, pois não há zeros).

Nossa formulação passa a ser :

Max Σy_i

sujeito a: B y $\leq$ 1

$y_i \in \{0,1\}$

5.6 O problema de alocação linear – o algoritmo húngaro

Em uma fábrica, temos 3 operários e 3 máquinas. Pelo conhecimento e pelas características pessoais de cada operário o custo por hora é diferente, segundo a atribuição das máquinas a cada operário. Estes custos são dados na tabela a seguir:

Matriz de custos

Máquina → Operário ↓	1	2	3
1	3	5	6
2	5	4	2
3	2	3	4

Podemos perceber que, ao atribuir uma máquina a cada operário, estamos tomando três elementos da matriz tais que :

    a) Cada elemento está em uma linha diferente;

    b) Cada elemento está em uma coluna diferente;

    c) Cada linha e cada coluna contém exatamente um elemento.

Uma solução com estas características é chamada uma *solução viável*.

Mas além de viável, queremos que o custo desta solução seja mínimo. Do ponto de vista da teoria dos grafos temos um grafo bipartido valorado e estamos procurando um acoplamento perfeito de valor mínimo.

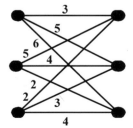

Podemos olhar também o problema como um PPLI (problema de programação linear inteira) :

$$\text{Min } \sum c_{ij}x_{ij} \qquad\qquad (c_{ij} \text{ é o custo da linha i coluna j})$$

sujeito a

$$x_{ij} \in \{0,1\} \qquad\qquad (\text{onde } x_{ij} = 1 \text{ se o operário i foi alocado à máquina j})$$

$$\sum_{j=1..n} x_{ij} = 1 \qquad e$$

$$\sum_{i=1..n} x_{ij} = 1$$

No nosso exemplo, teremos:

$$\text{Min } 3x_{11} + 5x_{12} + 6x_{13} + 5x_{12} + 4x_{22} + 2x_{23} + 2x_{31} + 3x_{32} + 3x_{33}$$

sujeito a

$$x_{ij} \in \{0,1\}$$

$$x_{11}+x_{12}+x_{13} = 1$$

$$x_{21}+x_{22}+x_{23} = 1 \qquad\qquad (\text{A cada operário corresponde apenas uma máquina})$$

$$x_{31}+x_{32}+x_{33} = 1$$

$$x_{11}+x_{21}+x_{31} = 1$$

$$x_{12}+x_{22}+x_{32} = 1 \qquad\qquad (\text{A cada máquina corresponde apenas um operário})$$

$$x_{13}+x_{32}+x_{33} = 1$$

Podemos ainda resolver este problema com um algoritmo de transporte (ver adiante) mas, no caso da alocação linear, podemos usar o chamado algoritmo húngaro.

Voltemos à matriz; um exemplo simples de solução viável é $\{ x_{11}, x_{22}, x_{33} \}$, com custo igual a $3 + 3 + 4 = 11$. O número de soluções viáveis é claramente igual a $3! = 6$ (o número de permutações) e por inspeção podemos verificar que a solução de custo mínimo é $\{ x_{11}, x_{23}, x_{32} \}$, com custo 8.

Se nossa matriz for de ordem maior, a resolução por inspeção torna-se inviável. Vamos desenvolver então o algoritmo.

Primeiramente, observamos que o valor de nossa solução não se altera se somarmos ou subtrairmos um mesmo valor de todos os elementos de uma linha (ou coluna). De fato, só um dos elementos afetados estará na solução mínima. A solução da nova matriz terá o seu valor diminuído no número subtraído de unidades, mas os elementos da solução serão os mesmos. Por exemplo:

$$
\begin{vmatrix} 3 & 5 & 6 \\ 5 & 4 & 2 \\ 2 & 3 & 4 \end{vmatrix}
\begin{matrix} \mathbf{-3} \\ \\ \end{matrix}
\rightarrow
\begin{vmatrix} 0 & 2 & 3 \\ 5 & 4 & 2 \\ 2 & 3 & 4 \end{vmatrix}
\rightarrow
\begin{vmatrix} 0^* & 2 & 3 \\ 5 & 4 & 2^* \\ 2 & 3^* & 4 \end{vmatrix}
$$

A solução é a mesma, isto é, a mesma permutação, mas o valor ficou diminuído em 3 unidades.

Vamos completar o trabalho com as linhas e depois aplicar o mesmo princípio às colunas (mas não ao mesmo tempo). Usando esta ideia no nosso exemplo temos :

$$
\begin{vmatrix} 3 & 5 & 6 \\ 5 & 4 & 2 \\ 2 & 3 & 4 \end{vmatrix}
\begin{matrix} \mathbf{-3} \\ \mathbf{-2} \\ \mathbf{-2} \end{matrix}
\rightarrow
\begin{vmatrix} 0 & 2 & 3 \\ 3 & 2 & 0 \\ 0 & 1 & 2 \end{vmatrix}
\rightarrow
\begin{vmatrix} 0^* & 1 & 3 \\ 3 & 1 & 0^* \\ 0 & 0^* & 1 \end{vmatrix}
$$

$$\mathbf{-1}$$

Grafos: introdução e prática 97

A solução {x_{11}, x_{23}, x_{32}} está agora bastante evidente; basta procurar os zeros. Observemos que o custo 8 é dado pela soma dos valores subtraídos.

Infelizmente, nem todas as matrizes são bem comportadas, e, por outro lado, a ordem em que fazemos as subtrações pode nos gerar problemas. Por exemplo :

$$
\begin{array}{|ccc|}
2 & 6 & 7 \\
3 & 6 & 10 \\
2 & 2 & 4 \\
\end{array}
\begin{array}{c}
-2 \\
-3 \\
\\
\end{array}
\rightarrow
\begin{array}{|ccc|}
0 & 4 & 5 \\
0 & 3 & 7 \\
2 & 2 & 4 \\
\end{array}
\rightarrow
\begin{array}{|ccc|}
0 & 2 & 1 \\
0 & 1 & 3 \\
2 & 0 & 0 \\
\end{array}
$$
$$-2 \quad -4$$

Os zeros que temos não nos dão uma solução viável; procuraremos então fabricar mais alguns zeros:

$$
\begin{array}{|ccc|}
0 & 2 & 1 \\
0 & 1 & 3 \\
2 & 0 & 0 \\
\end{array}
\begin{array}{c}
-1 \\
-1 \\
\\
\end{array}
\rightarrow
\begin{array}{|ccc|}
-1 & 1 & 0 \\
-1 & 0 & 2 \\
2 & 0 & 0 \\
\end{array}
\rightarrow
\begin{array}{|ccc|}
0 & 1 & 0 \\
0 & 0 & 2 \\
3 & 0 & 0 \\
\end{array}
$$
$$+1$$

Temos duas soluções : {x_{11}, x_{22}, x_{33}} e {x_{13}, x_{21}, x_{12}}. Observe que tivemos de corrigir por adição os valores negativos somando 1 à primeira coluna: o custo da solução é $2 + 3 + 2 + 4 + 1 + 1 - 1 = 12$.

Vamos sistematizar estes processos. Antes de passar a um problema maior, iremos introduzir o <u>método de riscagem</u>. Tentaremos riscar todos os zeros da matriz riscando o mínimo possível de linhas e colunas. Vamos examinar as duas últimas matrizes do primeiro exemplo:

$$
\begin{array}{|ccc|}
0 & 2 & 3 \\
3 & 2 & 0 \\
0 & 1 & 1 \\
\end{array}
\qquad
\begin{array}{|ccc|}
0^* & 1 & 3 \\
3 & 1 & 0^* \\
0 & 0^* & 1 \\
\end{array}
$$

No primeiro caso, pudemos usar somente dois riscos, mas no segundo fomos obrigados a usar três. De fato, se existe uma solução, isto é, três zeros atendendo às condições a, b e c enunciadas no começo do problema, cada um deles necessitará de um risco que não atingirá os outros. Está claro também que três riscos serão sempre suficientes. Resumindo :

    *   Se conseguirmos riscar todos os zeros da matriz com menos do que *n* riscos (*n* é a ordem da matriz) ainda não temos a solução mínima.

    *   Se, mesmo com a melhor riscagem possível não conseguirmos riscar os zeros com menos do que *n* riscos, achamos a solução.

Resta saber como conseguir "a melhor riscagem possível" e, caso ainda não tenhamos a solução, como aumentar o número de zeros na matriz sem perturbar os zeros já conseguidos.

Vamos acompanhar o processo usando uma matriz de ordem 5:

$$
\begin{array}{|ccccc|}
18 & 11 & 7 & 9 & 13 \\
7 & 4 & 9 & 15 & 14 \\
6 & 12 & 13 & 17 & 18 \\
13 & 10 & 12 & 15 & 17 \\
12 & 9 & 9 & 14 & 14 \\
\end{array}
\begin{array}{c}
-7 \\
-4 \\
-6 \\
-10 \\
-9 \\
\end{array}
\rightarrow
\begin{array}{|ccccc|}
11 & 4 & 0 & 2 & 6 \\
3 & 0 & 5 & 11 & 10 \\
0 & 6 & 7 & 11 & 12 \\
3 & 0 & 2 & 5 & 7 \\
3 & 0 & 0 & 5 & 5 \\
\end{array}
\rightarrow
\begin{array}{|ccccc|}
11 & 4 & 0 & 0 & 1 \\
3 & 0 & 5 & 9 & 5 \\
0 & 6 & 7 & 9 & 7 \\
3 & 0 & 2 & 3 & 2 \\
3 & 0 & 0 & 3 & 0 \\
\end{array}
$$
$$-2 \quad -5$$

Temos solução ou não? Vamos riscar. Começamos procurando uma linha ou coluna que só contenha um zero (por exemplo, a linha 4). Ora, este zero necessitará certamente de um risco só para ele; riscar a linha onde ele está isolado seria um desperdício. Riscamos então uma **perpendicular,** a coluna 2 (Se houver mais de um zero, ótimo, senão nada se perde) e reservamos o zero da posição (4,2) com um asterisco (*). Observe a marcação a seguir.

Continuamos procedendo assim, procurando zeros isolados (já desconsiderando os zeros riscados). No caso de não haver linhas ou colunas com um só zero, escolhemos a linha ou coluna com menor número de zeros e riscamos ortogonalmente a um deles, preferencialmente riscando o maior número possível de zeros. A seguir temos a ilustração deste processo. Acompanhe com atenção:

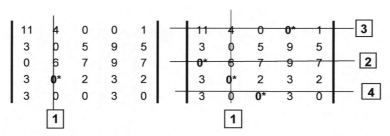

Verificamos então que podemos riscar todos os zeros com apenas 4 riscos; a solução ainda não foi encontrada. Tentaremos então fabricar mais zeros sem prejuízo dos zeros já encontrados. Observemos que se um zero estiver em um cruzamento de riscos isso quer dizer que existe um zero (pelo menos) compartilhando a linha (ou coluna) com ele. O processo a seguir fabrica novos zeros e os únicos zeros eliminados serão os dos cruzamentos.

Escolhemos (aleatoriamente) se vamos trabalhar com linhas ou colunas; no nosso exemplo escolhemos as linhas. Subtraímos destas linhas o menor número **não riscado**. Os valores serão sempre não negativos, exceto, talvez, nas colunas riscadas. Somamos este mesmo valor às colunas riscadas. No nosso exemplo, este valor é 2 e o processo está ilustrado a seguir.

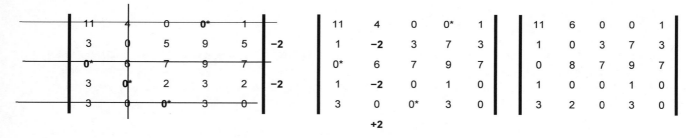

Construímos novos zeros e perdemos apenas um zero que estava em um cruzamento. Vamos voltar à riscagem.

O processo indica que precisamos de 5 riscos e os zeros escolhidos nos fornecem a solução : { x_{14}, x_{22}, x_{31}, x_{43}, x_{51} }. O custo pode ser calculado de duas maneiras. diretamente da matriz de custos,

$$(9 + 4 + 6 + 12 + 14 = 45)$$

ou através dos valores subtraídos e adicionados no processo :

Grafos: introdução e prática

$$(7 + 4 + 6 + 10 + 9) + (2 + 5) + (2 + 2 - 2) = 36 + 7 + 2 = 45.$$

O algoritmo pode também ser utilizado para encontrar a alocação maximal. Para isto basta considerar todos os valores como negativos. Com a mesma matriz do início:

$$
\begin{vmatrix} 3 & 5 & 6 \\ 5 & 4 & 2 \\ 2 & 3 & 4 \end{vmatrix}
\rightarrow
\begin{vmatrix} -3 & -5 & -6 & \mathbf{+6} \\ -5 & -4 & -2 & \mathbf{+5} \\ -2 & -3 & -4 & \mathbf{+4} \end{vmatrix}
\rightarrow
\begin{vmatrix} 3 & 1 & 0 \\ 0 & 1 & 3 \\ 2 & 1 & 0 \\ & & \mathbf{-1} \end{vmatrix}
$$

$$
\rightarrow
\begin{vmatrix} 3 & 0 & 0^* \\ 0^* & 0 & 3 \\ 2 & 0^* & 0 \end{vmatrix}
$$

Os asteriscos marcam uma alocação máxima (há duas) cujo valor é 14. De fato: $6 + 5 + 4 - 1 = 14$.

5.7 O problema de transporte

Um problema um tanto mais abrangente que o problema de alocação linear, que acabamos de examinar, é o <u>problema de transporte</u>. Nele, não existe a obrigatoriedade da matriz de dados ser quadrada como no primeiro problema.

A melhor forma de abordá-lo é através de um exemplo, utilizando alguns dados, construindo um modelo de programação inteira, discutindo a seguir uma técnica própria e depois interpretando a resolução por meio de um grafo.

Seja então uma empresa com 3 fábricas que produzem respectivamente 4, 12 e 14 milhares de unidades de um dado produto. Estas quantidades, aqui, serão consideradas indivisíveis (uma fábrica não pode ceder produção para outra). Toda a produção é distribuída por 4 depósitos de capacidades 6, 6, 8 e 10 milhares dee unidades. Os custos do transporte de cada fábrica para cada depósito (por mil unidades) estão na tabela abaixo:

		D_1	D_2	D_3	D_4
		6	6	8	10
F_1	4	13	11	15	20
F_2	12	17	14	12	13
F_3	14	18	18	15	12

Queremos minimizar o custo do transporte entre as fábricas e os depósitos. Podemos, usando esses dados, formular o problema usando programação linear inteira.

Para isso, chamamos x_{ij} a quantidade de produto enviada da fábrica i ao depósito j e c_{ij} o custo unitário correspondente. Então o nosso modelo de PLI poderá ser escrito:

min $13x_{11} + 11x_{12} + 15x_{13} + 20x_{14} + 17x_{21} + 14x_{22} + 12x_{23} + 13x_{24} + 18x_{31} + 18x_{32} + 15x_{33} + 12x_{34}$

sujeito a :

$x_{11} + x_{12} + x_{13} + x_{14} = 4$
$x_{21} + x_{22} + x_{23} + x_{24} = 12$ → A produção deve ser toda distribuída
$x_{31} + x_{32} + x_{33} + x_{34} = 14$

$x_{11} + x_{21} + x_{31} = 6$
$x_{12} + x_{22} + x_{32} = 6$ → A capacidade dos depósitos deve ser toda utilizada
$x_{13} + x_{23} + x_{33} = 8$
$x_{14} + x_{24} + x_{34} = 10$

$x_{ij} \geq 0$, inteiro, limitado pelas capacidades da fábrica i e do depósito j.

Obs.: Neste exemplo, a produção e a demanda têm valor igual (30), mas nem sempre isso acontece. No caso geral teríamos de usar **variáveis artificiais** para equilibrar o modelo, como se faz na programação linear. Preferimos, ao invés de generalizá-lo, referir o leitor a (Hiller e Liebermann, 2013, Arenales et al, 2007).

Uma técnica específica para o problema de transporte pode ser aplicada, procurando-se obter uma solução inicial que será, eventualmente, melhorada. Para isso, atribuímos a maior quantidade possível ao transporte de menor custo (no caso, c_{12} = 11), onde podemos alocar 4 unidades (o **mínimo** entre a produção de F_1 e a capacidade de D_2).

Prosseguimos assim até alocar toda a produção, sempre subtraindo das capacidades de produção e de armazenagem os valores já alocados.

As matrizes a seguir mostram três etapas desse processo:

	6	2	8	10
0		4		
12				
14				

	6	2	0	0
0		4		
4			8	
4				10

	0	0	0	0
0		4		
0	2	2	8	
0	4			10

O custo dessa solução é (4 x 11) + (2 x 17) + (2 x 14) + (8 x 12) + (4 x 18) + (10 x 12) = 394.

Vamos ver se poderemos melhorá-lo.

Para isso, procuramos descrever a solução por meio de um grafo bipartido completo G = (F ∪ D,E), onde as alocações de transporte feitas acima são indicadas pelas arestas reforçadas:

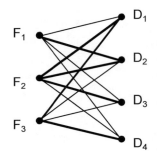

Para modificar a operação de transporte, teremos que utilizar uma aresta fina, mas isso implica em liberar uma aresta reforçada (ou pelo menos parte da sua capacidade), continuando até fechar um ciclo, o que permite manter o equilíbrio entre oferta e demanda.

Para isso temos de achar um ciclo que tenha todas as linhas cheias, menos uma (o que permite a troca).

Por exemplo, podemos tomar ($F_1D_3F_2D_2F_1$). Na matriz, vemos que a casa (F_1D_3) deve passar do valor 0 a um certo valor t. Mas então a casa (D_3F_2) deve passar de 8 a 8 – t, logo a casa (F_2D_2) terá de passar de 2 a 2 + t e, finalmente, a casa (D_2F_1) diminuirá de 4 para 4 – t. Como nenhum valor pode ser negativo, é claro que o maior valor possível para t será 4. (A casa (F_1D_3) está marcada com um asterisco).

	4	*	
2	2	8	
4			10

	0	4	
2	6	4	
4			10

O custo, agora, será (4 x 15) + (2 x 17) + (6 x 14) + (4 x 12) + (4 x 18) + (10 x 12) = 416. **Aumentou!!**

Realmente, para cada unidade que passou pelo ciclo, acrescentamos (+ 15 – 12 + 14 – 11) = 6 ao custo. Como passaram 4 unidades, o aumento foi de 24 (= 418 – 394).

Logo não basta achar um ciclo, temos que procurar um cuja utilização diminua o custo total. Por exemplo, se a casa (F_1D_3) tivesse um custo menor que 9, nosso ciclo teria servido para diminuir o custo, já que teríamos (+ 9 – 12 + 14 – 11) = 0. O problema está em como achar um ciclo nessas condições.

Grafos: introdução e prática

101

Para isso, vamos destacar os custos que correspondem, na matriz, à nossa solução inicial: Então procuraremos transformar a matriz em uma tabela de soma, começando por alocar 0 à linha (ou coluna) de menor valor: no caso, a linha 1 ficou com zero, logo a coluna 2 receberá 11 para que a soma em (F_1D_2) esteja certa. Mas isso obriga a linha F_2 a receber o valor 3 ($14 - 11$) e assim por diante.

O resultado está na <u>segunda matriz</u> abaixo e nos permite avaliar o valor máximo que poderemos ter em uma casa da matriz, sem que o ciclo a ela associado aumente o custo total (<u>terceira</u> <u>matriz</u>):

	11			0
17	14	12		
18			12	

	11			0
17	14	12		3
18			12	4
14	11	9	8	

13	11	9	8	0
17	14	12	11	3
18	11	13	12	4
14	11	9	8	

O custo de (F_1D_1) é apenas 13, logo podemos utilizar o ciclo associado a ela, ($F_1D_1F_2D_2F_1$) para passar 2 unidades (o mínimo entre os valores das 4 casas envolvidas). O ciclo terá valor ($+13 - 11 + 14 - 17$) = -1. A modificação na alocação está indicada abaixo:

⚙	4	
2	2	8
4		10

2	2	
0	4	4
4		10

Nosso custo, agora, é (2×13) + (2×11) + (4×14) + (8×12) + (4×18) + (10×12) = 392, o que corresponde a uma baixa de $2 \times (-1)$.

Vamos fazer uma segunda avaliação:

13	11			0
17	14	12		3
18			12	5
13	11	9	7	

13	11	9	7	0
17	14	12	10	3
18	16	14	12	5
13	11	9	7	

Todos os valores obtidos os limites de custo são inferiores ou iguais aos da tabela de custos reais. A solução, portanto, não pode ser melhorada: portanto é ótima.

A fábrica F_1 envia 2 unidades para o depósito D_1 e 2 unidades para o depósito D_2, a custo 48.

A fábrica F_2 envia 4 unidades para o depósito D_2 e 8 unidades para o depósito D_3, a custo 152.

A fábrica F_3 envia 4 unidades para o depósito D_1 e 10 unidades para o depósito D_4, a custo 192.

Total: 392.

5.8 Transporte com baldeação

Vamos examinar a possibilidade de melhorar o custo de transporte utilizando fábricas e depósitos como entrepostos para o nosso produto. Para isso, precisamos de uma matriz de custos que contenha todas as possibilidades:

	F_1	F_2	F_3	D_1	D_2	D_3	D_4
F_1	0	6	5	13	11	15	20
F_2	5	0	4	17	14	12	13
F_3	4	4	0	18	18	15	12
D_1	14	19	20	0	5	4	5
D_2	10	12	17	5	0	2	8
D_3	17	13	14	4	2	0	9
D_4	18	12	14	5	8	9	0

Temos ainda um problema: os depósitos não fabricam nada e as fábricas não demandam nada! Se tentássemos resolver o problema com estes dados, o resultado seria o mesmo.

Para resolver isso, aumentamos a demanda e a oferta de uma mesma quantidade grande (p. ex., 50). Podemos usar como solução inicial a mesma solução já obtida, de custo 392. A diagonal principal recebe o mesmo valor 50, o que garante o equilíbrio da solução. As matrizes da solução inicial e de avaliação são mostradas abaixo:

		F_1	F_2	F_3	D_1	D_2	D_3	D_4
		50	50	50	56	56	58	60
F_1	54	50			2	2		
F_2	62		50			4	8	
F_3	64			50	4			10
D_1	50				50			
D_2	50					50		
D_3	50						50	
D_4	50							50

0	-3	-5	13	11	9	7	0
3	0	4	17	14	12	10	3
5	2	0	18	16	14	12	5
-13	-16	-18	0	-2	-4	-6	-13
-11	-14	-16	2	0	-2	-4	-11
-9	-12	-14	4	2	0	-2	-9
-7	-10	-12	6	4	2	0	-7
0	-3	-5	13	11	9	7	

A casa (F_3F_1) tem, na verdade, custo 4. O valor do circuito ´4 – 0 + 13 – 18 = -1 e admite a passagem de 4 unidades. A nova matriz de alocação será:

		F_1	F_2	F_3	D_1	D_2	D_3	D_4
		50	50	50	56	56	58	60
F_1	54	46			6	2		
F_2	62		50			4	8	
F_3	64	4		50	4			10
D_1	50				50			
D_2	50					50		
D_3	50						50	
D_4	50							50

A diagonal tem custo nulo, o novo custo será

$$(6 \times 13) + (2 \times 11) + (4 \times 14) + (8 \times 12) + \_ (2 \times 5) + (10 \times 12) = 388.$$

Todos os custos calculados estão subestimados (verifique!), logo a solução é ótima.

Grafos: introdução e prática

Resumindo:

A **fábrica F$_1$** envia 6 unidades para o **depósito D$_1$** e 2 unidades para **o depósito D$_2$**, a custo *100*.

A **fábrica F$_2$** envia 4 unidades para o **depósito D$_2$** e 8 unidades para o **depósito D$_3$**, a custo *152*.

A **fábrica F$_3$** envia 4 unidades para **a fábrica F$_1$**, a custo 16 e 10 unidades para o **depósito D$_4$**, a custo *120*. Total de F$_3$: *136*.

Obs.: Nesta solução, F$_1$ envia 8 unidades, embora só fabrique 4; as outras 4 são recebidas de F$_3$.

Exercícios – Capítulo 5

1. Encontre um conjunto dominante mínimo dos grafos a seguir:

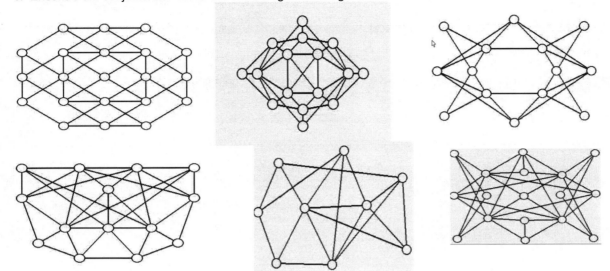

Quais desses grafos podem, eventualmente, ter um acoplamento perfeito?

2. a) Qual o número de independência $\alpha(P)$ do *grafo de Petersen*, representado a seguir?

b) Utilize o item (a) para apresentar um acoplamento maximal de P com 3 arestas.

c) Use cadeias aumentantes para encontrar um acoplamento maximal de P com 4 arestas.

d) Encontre um acoplamento máximo de P. Qual o valor de $\alpha'(P)$?

Grafo de Petersen

3. Dado o grafo G ao lado, determine (justifique suas respostas):

  a) $\gamma(G)$

  b) $\alpha(G)$

  c) $\alpha'(G)$

  d) Qual o menor acoplamento maximal que o grafo G admite? (justifique sua resposta). Desenhe um acoplamento com este tamanho.

  e) Use cadeias aumentantes para obter um acoplamento perfeito.

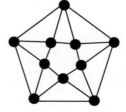

4. Formule o problema de programação inteira que encontra o número de dominação do grafo a seguir.

Mostre o funcionamento da formulação com os subconjuntos de vértices $\{x_1, x_2, x_3\}$ e $\{x_2, x_3, x_6\}$.

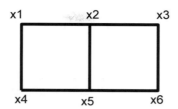

5. Formule o problema de programação inteira que encontra o número de acoplamento do grafo a seguir.

Mostre o funcionamento da formulação com os subconjuntos de arestas $\{x_1x_2, x_3x_6, x_5x_6\}$ e $\{x_1x_2, x_3x_6, x_4x_5\}$.

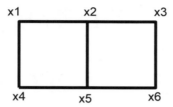

6. Para cada um dos grafos dos poliedros platônicos determine:

    a) $\gamma(G)$

    b) $\alpha(G)$

    c) $\alpha'(G)$

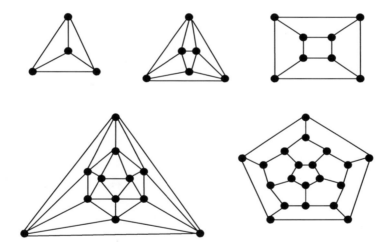

7. Seja o grafo G = (V,E) orientado, construído da seguinte forma:

    V = conjunto dos números naturais de 2 a 100 ;

    E = {(a,b) | a é divisor de b}

Qual o menor conjunto dominante deste grafo?

Obs: Neste problema estamos lidando com "dominação orientada", por exemplo, o vértice 5 domina o vértice 10, mas o contrário não é verdade.

8. Seja o grafo H = (V,E) não orientado, construído da seguinte forma:

    V = conjunto dos números naturais de 2 a 100.

    E = {(a,b) | a e b têm um divisor comum}

Qual o maior conjunto independente deste grafo?

9. Mostre que um conjunto independente maximal é sempre um conjunto dominante, mas a recíproca não é verdadeira.

10. Uma *cobertura de vértices* é um subconjunto de vértices tal que toda aresta é incidente a um vértice do conjunto. O *número de cobertura de vértices* de um grafo G, notação $\beta(G)$, é a cardinalidade da menor cobertura de vértices de G.

Formule o problema de programação inteira que encontra o número de cobertura de vértices do grafo a seguir.

Mostre o funcionamento da formulação com os subconjuntos de vértices $\{x_1, x_2, x_3\}$ e $\{x_2, x_4, x_6\}$.

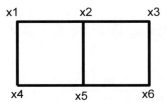

11. Uma *cobertura de arestas* é um subconjunto de arestas tal que todo vértice é tocado por uma aresta do conjunto. O *número de cobertura de arestas* de um grafo G, notação $\beta'(G)$, é a cardinalidade da menor cobertura de arestas de G.

Formule o problema de programação inteira que encontra o número de cobertura de arestas do grafo a seguir.

Mostre o funcionamento da formulação com os subconjuntos de arestas {ab, bc, bd} e {ab, cd, de}

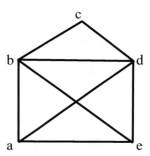

12. O <u>problema das 8 damas</u> consiste em se encontrar um posicionamento para essas peças em um tabuleiro de xadrez, de tal forma que nenhuma dama ataque outra. Diga a qual conceito, dentre os expostos neste capítulo, este problema corresponde. Procure encontrar, por inspeção, uma solução para este problema.

13. O <u>problema das 5 damas</u> consiste em se encontrar um posicionamento para essas peças em um tabuleiro de xadrez, de tal forma que toda casa do tabuleiro seja dominada por ao menos uma dama. Diga a qual conceito, dentre os expostos neste capítulo, este problema corresponde. Procure encontrar, por inspeção, uma solução para este problema.

14. Um *núcleo*, em um grafo G = (V,E), é um subconjunto K $\subset$ V que seja ao mesmo tempo independente e dominante.

Diga por que esta noção somente apresenta interesse para grafos orientados.

Considere um dos grafos do **Exercício 1**. Como você orientaria as arestas dele, de modo a construir um grafo orientado que possua um núcleo? (Nem todo grafo orientado possui um).

Experimente construir um grafo orientado que não possua núcleos.

Entre as nuvens
Vem surgindo um lindo
Avião rosa e grená
Tudo em volta colorindo
Com suas luzes a piscar...

Toquinho e Vinícius
Aquarela

Capítulo 6: Problemas de coloração

6.1 Coloração de vértices

Um problema relacionado aos conjuntos independentes é o da coloração de vértices. No exemplo dos professores que vão dar provas finais (início do **Capítulo 5**), podemos querer saber qual o menor número de horários necessário para ministrar as provas. Podemos obter uma resposta resolvendo o problema de particionar o conjunto de vértices do grafo em subconjuntos independentes. Uma forma de ver esse problema é atribuir cores aos vértices de forma que vértices adjacentes tenham necessariamente cores diferentes. Por isso, este problema é chamado um *problema de coloração*.

Se, ao modelar este problema, obtivermos um grafo C_6, poderemos até colorir os vértices com 6 cores (uma para cada vértice) mas o menor número possível de cores é 2 (veja a figura).

O menor número de cores para colorir os vértices de um grafo G, usando esse critério, é chamado *número cromático* de G, notação $\chi(G)$. No caso $\chi(G) = 2$.

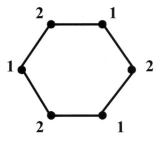

Aqui, representamos as "cores" por números. Podemos representá-las por qualquer outro conjunto de símbolos.

Não é surpresa que, para o problema de coloração, não exista um algoritmo exato eficiente; afinal, estamos particionando os vértices em subconjuntos independentes (cada um colorido com uma cor).

Isso sugere um algoritmo heurístico. Vamos pensar em um guloso: "<u>colorimos cada vértice com a primeira cor disponível</u>". O que acontece com nosso exemplo, o C_6?

a	Cor 1
b	Cor 2
c	Cor 1
d	Cor 2
e	Cor 1
f	Cor 2

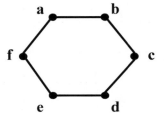

O algoritmo nos deu a solução correta.

Mas o que acontece, se trocarmos a rotulação dos vértices? (Veja a figura).

a	Cor 1
b	Cor 1
c	Cor 2
d	Cor 3
e	Cor 2
f	Cor 3

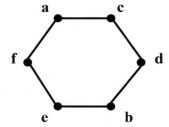

O resultado já não foi tão bom: precisamos agora de 3 cores (logo, 3 horários).

Note que esse algoritmo nos mostra um limite superior para $\chi(G)$. Se dispusermos de $\Delta + 1$ cores sempre poderemos colorir um vértice qualquer, uma vez que os vértices adjacentes a ele usam no máximo Δ cores. Logo $\chi(G) \leq \Delta + 1$.

Um limite um pouco melhor que esse é dado pelo Teorema de Brooks, que apresentamos sem demonstração.

Teorema 6.1 (Brooks) - Se G é um grafo conexo e não é K_n e se $\Delta \geq 3$, então $\chi(G) \leq \Delta$.

Demonstração - Ver em [Balakrishnan, 1997]. ∎

Agora vamos escrever o que fizemos em linguagem de algoritmo. A estratégia gulosa vai querer colorir com a primeira cor disponível: então criamos um conjunto de *classes de cor*, C_i (i = 1,..., r), de início todas vazias, menos a primeira, onde vai entrar o vértice 1. E vamos colocar cada vértice onde for possível. (Note que não sabemos o valor de r : de início, supomos que haja n classes, valor máximo).

A descrição do algoritmo é de [Campello e Maculan, 1994] e considera a <u>lista de adjacência</u> (ver o **Capítulo 2**) na qual os vértices são <u>ordenados por grau não-crescente</u>.

início < dados: grafo G = (V,E) >;
   $C_i \leftarrow \emptyset$ (i = 2, ..., n); $C_1 \leftarrow \{ 1 \}$;
   para j **de** 2 a n **fazer**
      k = min { i | N(j) ∩ C_i = $\emptyset$, i = 1, ..., n }; < a primeira classe viável é utilizada >
      $C_k \leftarrow C_k \cup \{ j \}$; < o vértice j entra na classe C_i >
   fim para;
fim.

Outra heurística possível é : "Usamos cada cor enquanto for possível usá-la". Isso equivale a procurar conjuntos independentes maximais. Já sabemos que isso poderá nos trazer problemas.

Com a primeira rotulação, teremos

Cor 1	{a,c,e}
Cor 2	{b,d,f}

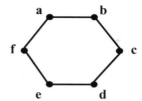

Já com a segunda, vamos obter

Cor 1	{a,b}
Cor 2	{c,e}
Cor 3	{d,f}

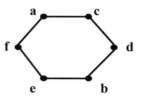

Também aí podemos obter um limite, desta vez inferior. Como cada cor ocupa um conjunto independente temos que $\chi(G).\alpha(G) \geq n$, isto é $\chi(G) \geq n / \alpha(G)$.

O algoritmo correspondente varre, a cada iteração, o conjunto W dos vértices ainda não coloridos, procurando alocá-los na primeira classe disponível (Lembre que o algoritmo anterior trabalha varrendo as classes). A descrição está em [Boaventura, 2012].

início < dados grafo G = (V,E) >;
    $C_i \leftarrow \emptyset$ (i = 1, ..., n); W $\leftarrow$ V; k $\leftarrow$ 1;
    enquanto W $\neq \emptyset$ **fazer**
        para i $\in$ W **fazer**
            se $C_k \cap N(i) = \emptyset$ **então**
                $C_k \leftarrow C_k \cup \{ i \}$; [o vértice entra na classe]
                W $\leftarrow$ W – { i }; [ele sai do conjunto não colorido]
            fim se;
        fim para;
        k $\leftarrow$ k + 1; [a antiga classe k não pode mais receber vértices]
    fim enquanto;
fim.

Um resultado simples e útil une ciclos e coloração em grafos bipartidos.

Teorema 6.2 - Um grafo G é bipartido se e só se $\chi(G) = 2$.

Demonstração – Se G for bipartido, basta fazer corresponder os dois subconjuntos que o definem (que são independentes) às duas cores.

Se um grafo possuir $\chi(G) = 2$, separaremos um do outro os dois subconjuntos de vértices coloridos com as duas cores. Por definição, não pode haver uma aresta entre dois vértices da mesma cor. Então só poderá haver arestas de um vértice de um subconjunto para um vértice do outro, o que corresponde à definição de grafo bipartido. ∎

Já falamos no interesse em particionar o conjunto de vértices em conjuntos independentes disjuntos. Usando o mesmo grafo do parque que já utilizamos (**Capítulo 5**), suponha que quiséssemos instalar barracas de sorvete, pipocas, cachorro-quente, etc. As restrições agora serão:

- Uma barraca deve ser localizada em uma esquina (vértice).
- Esquinas próximas (vértices adjacentes) só admitem barracas com serviços diferentes.

Por motivos comerciais, queremos evitar a diversificação excessiva de serviços. Qual seria o menor número de serviços que poderíamos usar? Vemos abaixo que podemos colorir os vértices com apenas 3 cores. Este número é mínimo, pois o grafo inclui subgrafos isomorfos a K$_3$ (você poderá vê-los na figura: observe com atenção!).

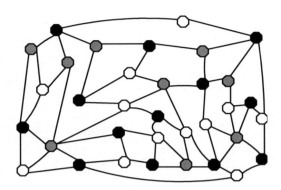

Outra aplicação clássica de coloração é o **problema dos exames**. A tabela abaixo mostra a alocação de um grupo de alunos aos exames de recuperação que eles devem prestar em um colégio:

Alunos→ Disciplinas ↓	1	2	3	4	5	6	7	8	9	10	11	12	13	14	15	16
Matemática	X							X				X			X	
Português	X		X								X					X
Inglês						X	X			X					X	
Geografia				X	X		X		X				X			
História		X							X		X		X		X	X
Física		X			X								X			
Química		X						X	X		X			X		
Biologia		X			X											

Duas disciplinas só podem ter exames realizados simultaneamente se não envolverem alunos em comum.

Vamos construir um grafo com os vértices {**M, P, I, G, H, F, Q, B**}; dois vértices estarão ligados se tiverem um aluno em comum.

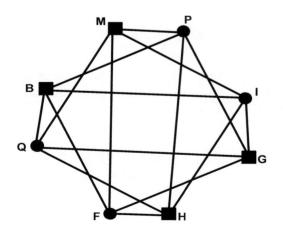

O desenho mostra uma partição dos vértices em dois conjuntos independentes disjuntos, representados por quadrados e círculos. Os exames podem ser realizados em 2 horários, um para {B, G, H, M} e outro para {F, I, P, Q}.

Ainda outra aplicação é a determinação de períodos de um conjunto de sinais de trânsito. O desenho abaixo representa um cruzamento. As direções permitidas estão assinaladas por setas.

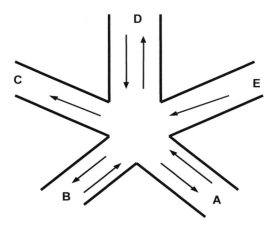

Como organizar o trânsito? Vamos formar um *grafo de incompatibilidade*. Os vértices serão as direções possíveis:

V= {AB, AC, AD, BA, BC, BD, DA, DB, DC, EA, EB, EC, ED}

Ligamos dois vértices sempre que as direções forem incompatíveis, ou seja, quando elas se cruzarem (por exemplo, AD e EB).

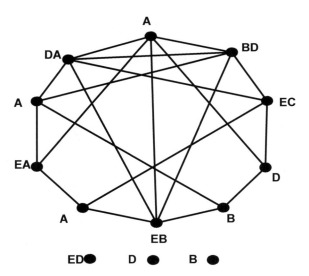

Vamos observar que BA, DC e ED são compatíveis com todas as direções, sendo por isso vértices isolados. Cada coloração dos vértices corresponde a uma possível divisão em períodos.

Poderíamos usar 13 cores, uma para cada direção, mas isso seria um desperdício de tempo.

Como os vértices AC, BD, DA e EB formam um K₄, precisaremos de pelo menos 4 cores. A partição em conjuntos independentes {AB, AC, AD}, {BC, BD, EA}, {BA, EB, EC, ED}, {DA, DB, DC} mostra que de fato 4 cores (4 períodos) são suficientes, logo $\chi(G)= 4$.

Os períodos, naturalmente, são associados à abertura e fechamento de sinais luminosos, colocados e regulados de forma que as direções pertencentes a cada conjunto independente fiquem disponíveis ao mesmo tempo.

6.2 Coloração de arestas

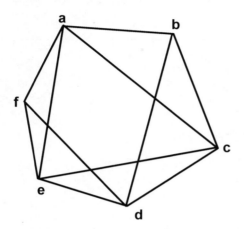

Suponhamos que, num grupo de pessoas, várias duplas devam ser formadas para cumprir determinadas tarefas num laboratório. O grafo abaixo ilustra esta situação. Observe que uma mesma pessoa pode ter que cumprir uma tarefa com diversas duplas. Cada tarefa dessas necessita de 1 hora para ser executada.

Qual o menor número de horas necessárias para que todas as tarefas sejam realizadas? As arestas representam as duplas e, como cada indivíduo só pode trabalhar em uma tarefa de cada vez, tarefas executadas simultaneamente correspondem a um acoplamento.

Podemos fazer corresponder uma cor a cada horário (já sabemos que essa cor pode ser um número ou um símbolo) e nossa pergunta passa a ser:

"Qual o mínimo de cores para colorir as arestas do grafo de modo que arestas incidentes num mesmo vértice recebam cores diferentes?"

O menor número usado para colorir (propriamente) as arestas de um grafo é chamado *índice cromático do grafo*, notado por $\chi'(G)$. . No nosso exemplo conseguimos colorir as arestas com 4 cores – que é evidentemente o menor número possível pois o vértice a tem quatro arestas incidentes. Logo $\chi'(G) = 4$. Os horários ficariam assim distribuídos:

Horário (cor)	Duplas
1	ab, ce, df
2	ac, bd, ef
3	af, bc, de
4	ae, cd

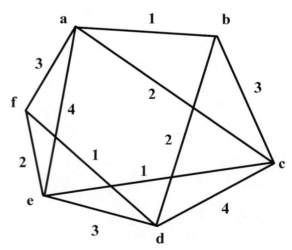

Pelo que vimos acima, fica claro que $\chi'(G) \geq \Delta$.

O teorema a seguir (que apresentamos sem demonstração) nos dá um limite superior bem estreito.

Teorema 6.3 (Vizing - 1964) : Para qualquer grafo G, $\Delta \leq \chi'(G) \leq \Delta + 1$.

Demonstração: Ver em West (1996).

Grafos: introdução e prática

A demonstração de Vizing inclui um algoritmo polinomial para a coloração de arestas. ∎

Para grafos bipartidos, entretanto, $\chi'(G)$ é conhecido.

Teorema 6.4: Para qualquer grafo G bipartido, $\chi'(G) = \Delta$.

Demonstração – Suponha que estamos colorindo as arestas uma por uma, dispondo de Δ cores. Ao colorir a aresta *xy* tentaremos encontrar uma cor que não esteja presente em arestas incidentes a *x* e nem em arestas incidentes em *y*. Se for possível, tudo bem.

Se esse não for o caso, observemos que as arestas incidentes a *x* ocupam no máximo Δ - 1 cores (pois *xy* não está colorida), o mesmo acontecendo com *y*. Isso nos garante que há uma aresta incidente a *x* que está colorida com a cor c_x, ausente nas arestas incidentes em *y*; por seu lado, existe uma cor c_y presente nas arestas incidentes em *y* e ausente nas arestas incidentes a *x*. Formemos uma cadeia de arestas começando em *x* e alternando arestas de cor c_x e c_y (essa cadeia pode até, eventualmente, só possuir uma aresta). Como o grafo é bipartido, as arestas c_x vão de um conjunto independente para o outro e as arestas c_y retornam ao primeiro. Como c_x está ausente em *y*, essa cadeia não passa pelo vértice *y*. Podemos então recolorir a cadeia intercambiando as cores c_x e c_y, sem afetar a propriedade da coloração. Depois desse intercâmbio a cor c_x estará ausente em *x* e *y* e podemos colorir a aresta *xy*. ∎

Isto mostra que todas as arestas podem ser coloridas utilizando apenas Δ cores.

Observação: A técnica dessa demonstração se baseia numa idéia de Kempe, e retornaremos a ela quando falarmos do Problema das 4 cores no **Capítulo 9**.

Uma aplicação conhecida da coloração de arestas é o <u>problema dos exames orais</u>. Três professores devem examinar 6 estudantes, segundo a seguinte lista:

Professor 1	A, C, D
Professor 2	A, C, E
Professor 3	A, B, D

A cada hora, cada professor chama, em separado, um dos alunos para ser examinado. Qual o menor espaço de tempo que podemos utilizar?

Usaremos um modelo de grafo bipartido – de um lado os professores, do outro os alunos. Uma coloração das arestas representa uma divisão de horários. A coloração {P1-A , P2-C, P3-D}, {P1-C , P2-A, P3-B}, {P1-D , P2-E, P3-A}, é uma partição do conjunto de arestas em acoplamentos disjuntos – o que é garantido pelo teorema demonstrado anteriormente. Portanto, todas as argüições poderão ser feitas em 3 horas.

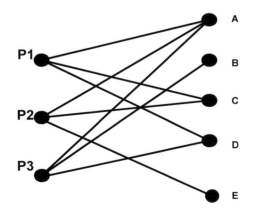

Outro problema clássico da coloração de arestas é a organização de passeios por duplas (que é o formato do exemplo dado inicialmente). Suponha que um batalhão com $2t$ soldados saia para treinar todo dia e que o treinamento seja feito em duplas. Quantos treinamentos poderemos programar de modo que cada soldado tenha sempre um companheiro diferente? Este número é, no máximo $2t - 1$ pois este é o número de companheiros que cada soldado tem. Veremos que este é o número exato.

Para melhor mostrar este fato vamos dar o exemplo com $t = 3$, isto é, com 6 soldados. Se pensarmos em todas as duplas possíveis estamos pensando no grafo K_6, os soldados sendo os vértices e as arestas as duplas. Um passeio corresponderá a um acoplamento perfeito e uma coloração das arestas usando acoplamentos perfeitos nos dará o número de passeios possível. Desenhamos K_6 da seguinte forma:

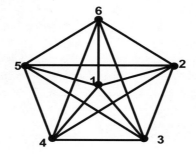

Os acoplamentos são obtidos pelas arestas paralelas e perpendiculares:

A coloração produzida é: {12, 36, 45},{13, 24, 56},{14, 26, 35},{15, 23, 46},{16, 25, 34}.

Grafos: introdução e prática

Exercícios - Capítulo 6

1. Exiba uma coloração mínima das arestas de K_{10}.

2. Qual o índice cromático de um ciclo?

3. (Índice cromático de K_{2t-1})

   a. Em K_5 temos 5 vértices e 10 arestas. Quantas arestas pode ter, no máximo, um acoplamento de K_5?

   b. Para uma coloração das 10 arestas de K_5 precisamos de, no mínimo, quantos acoplamentos (cores)?

   c. Mostre que para obter uma coloração de K_5 basta tomar uma coloração de K_6 e desconsiderar as arestas que contenham o vértice 6.

   d. Mostre que:

   $\chi'(K_t) = t - 1$ se t é par

   $\chi'(K_t) = t$ se t é ímpar

4. Determine o número cromático dos grafos a seguir:

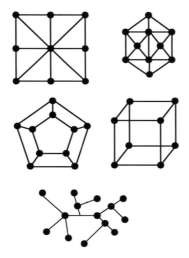

5. O dono de uma loja de animais comprou certa quantidade de peixes ornamentais de diversas espécies, um exemplar de cada espécie. Alguns destes peixes não podem ficar no mesmo aquário. A compatibilidade entre as espécies está retratada na tabela abaixo (X significa que as espécies não devem ficar no mesmo aquário):

	A	B	C	D	E	F	G	H	I
A						X	X		X
B			X					X	
C		X			X			X	
D					X	X		X	
E			X	X				X	
F	X			X			X		X
G	X				X	X		X	X
H		X	X	X			X		
I	X					X	X		

   a) Qual o menor número de aquários necessário para abrigar sem problemas todos os peixes?

b) É possível distribuir os peixes de forma que cada aquário tenha (aproximadamente) o mesmo número de peixes?

6. a) Mostre que C_5 só admite uma 3-coloração (a menos de isomorfismo)

b) Mostre que C_7 admite duas 3-colorações distintas (a menos de isomorfismo).

c) Use o item (a) para encontrar o número cromático do grafo de Petersen (veja a pág. 92)..

7. Para os cruzamentos abaixo, dê uma seqüência econômica de períodos para os sinais de trânsito:

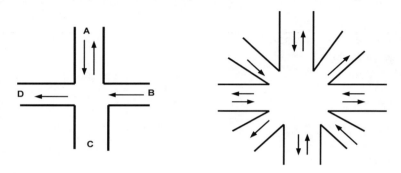

8. Construa um grafo com ordem e número cromático dados, que tenha o maior valor possível para o número de independência. Desenvolva o raciocínio utilizado.

9. Uma *roda* R_n é um grafo obtido de uma estrela (veja a **pág. 45** e o **Capítulo 5**) com *n* vértices, unindo-se os seus vértices exteriores para formar um ciclo.

Determine o número cromático de R_n e mostre que não há como obter duas colorações diferentes nela (diz-se que R_n é *unicamente colorível*).

10. Lúcia, Mariana e Júlia possuem um canário, um boxer e um gato siamês, porém não necessariamente nessa ordem. Uma delas é secretária, outra é decoradora e outra engenheira.

Monte um modelo de coloração que identifique as pessoas com suas profissões e seus animais de estimação, com base nas seguintes informações (**Dica:** Pense sempre nas informações no negativo):

(a) Lúcia não é decoradora.

(b) Mariana não tem canário.

(c) A secretária não tem cachorro.

(d) Quando Júlia visita a secretária, nunca leva seu animal de estimação.

(e) A decoradora e a dona do boxer gostam muito de filmes franceses.

(f) A engenheira e a dona do canário visitam Júlia aos sábados.

11. Alberto, Carlos, Jorge e Mário moram perto uns dos outros, em uma casa, um palacete, um apartamento e um trailer (não necessariamente nessa ordem). Um deles cria passarinhos, outro gatos, outro cachorros e outro peixes. Cada um deles fala apenas uma língua estrangeira, dentre francês, inglês, alemão e italiano.

Monte um modelo de coloração que identifique as pessoas com suas residências, seus animais de estimação e a língua estrangeira que cada uma fala, com base nas seguintes informações:

1. Alberto mora em uma casa.
2. Quando Jorge e Mário se visitam, não levam seus animais de estimação porque eles brigam.
3. O dono do apartamento não fala inglês e não cria passarinho.
4. O dono do palacete fala francês e não tem peixes.

Grafos: introdução e prática

5. O dono do trailer não fala italiano.
6. Jorge não fala nem francês nem inglês.
7. Alberto e Jorge não têm gatos.
8. Alberto, Jorge e Carlos vão jogar pôquer no palacete aos domingos.

12. Depois de resolver estes dois enigmas, pense no seguinte:

Um enigma deste tipo pode estar correto (se tiver uma só solução), ou então ser inconsistente (se tiver mais de uma solução), ou estar errado (há dados conflitantes). Agora, então:

1. Eles estão corretos, ou são inconsistentes, ou estão errados?
2. A qual característica do grafo representativo de um desses enigmas corresponde a sua exatidão?
3. Por que se pode garantir de antemão que o número cromático do grafo representativo do problema não é menor do que k, onde k é o número de diferentes categorias de vértices?
4. O que significaria um número cromático maior que k?
5. Experimente, criando novas restrições, ou modificando as existentes.

13. (a) Mostre que só existe uma forma de colorir as arestas de C_5 com 3 cores.

(b) Use o ítem (a) para mostrar que o índice cromático do grafo de Petersen é maior do que 3.

(c) Exiba uma coloração mínima do grafo de Petersen.

14. Uma *coloração t-múltipla* dos vértices de um grafo é uma alocação de t cores a cada vértice de forma que os conjuntos de cores de dois vértices adjacentes sejam disjuntos. Como exemplo mostramos abaixo uma coloração 2-múltipla de C_5 utilizando 5 cores.

Exiba uma coloração 2-múltipla dos vértices do grafo de Petersen usando 5 cores.

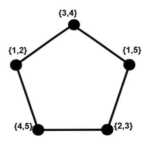

Grafo de Petersen

15. Uma *coloração equilibrada* dos vértices de um grafo G é uma coloração na qual a cardinalidade de duas classes quaiquer de cores difere no máximo por 1 unidade. O exemplo abaixo mostra uma coloraçào equilibrada e uma coloração não equilibrada de C_7 (o ciclo com 7 vértices). O número cromático equilibrado de um grafo G, notado por $\chi_{eq}(G)$, é o menor número de cores para o qual existe uma coloração equilibrada de G.

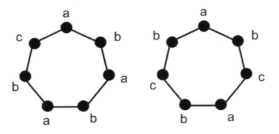

a) Determine $\chi_{eq}(C_n)$.

b) Exiba uma árvore T_1 que tenha $\chi_{eq}(T_1) = 2$ e uma árvore T_2 que tenha $\chi_{eq}(T_2) = 3$.

c) Seja T uma árvore com mais do que 2 vértices. Mostre que ela admite uma coloração equilibrada com 3 cores. (sugestão: por indução, usando como hipótese que existe uma coloração equilibrada com 3 cores em que dois vértices pendentes tem cores diferentes.)

d) Determine $\chi_{eq}(G)$ quando G é bipartido.

Grafos: introdução e prática

> ***Vai passar***
> ***Nessa avenida um samba***
> ***popular...***
> *Chico Buarque*
> *Vai passar*

Capítulo 7 – Fluxos em grafos

7.1 Introdução

Já tivemos a ocasião de trabalhar com grafos valorados: apenas para lembrar, são grafos nos quais se atribui algum tipo de valor aos vértices, ou às ligações. Assim, em um grafo representativo de um mapa rodoviário, poderemos atribuir a cada aresta o comprimento do trecho de rodovia ao qual ela corresponde e a cada vértice, por exemplo, a altitude da cidade correspondente acima do nível do mar, ou então a sua população. Há muitas possibilidades de valoração para um grafo e o uso de uma ou mais delas depende do modelo com o qual se trabalha.

Aqui, nos interessa antes de mais nada atrair a atenção para uma característica das valorações até então encontradas neste texto: todas elas são de natureza ***estática***, ou seja, se a população de uma cidade é 541.000 habitantes, o valor 541.000 estará associado apenas aquela cidade e não será usado para qualquer outra (a menos de uma fantástica coincidência). Se um trecho de rodovia tiver 75 quilômetros, esse valor será associado a esse trecho e somente a ele, a menos que haja outro trecho com 75 quilômetros: mas, então, os dois valores iguais estarão atribuídos aos dois trechos e a mais nenhum outro.

Falamos de tudo isso, porque existe outro tipo de valoração que é ***dinâmico***: por exemplo, se contarmos o número de veículos que passam por uma avenida num determinado tempo (seja por exemplo 200 veículos em um quarto de hora), poderemos estimar que, naqueles momentos, estariam passando por lá 800 veículos ***por hora*** (observe a diferença na unidade, em relação aos exemplos anteriores). Estamos falando aqui de um certo número de veículos ***por unidade de tempo***. A este tipo de valoração chamamos um *fluxo*: é, portanto, ***algo que se move*** ao longo das ligações do grafo. Teremos então algum tipo de ***recurso*** (veículos, carga, mensagens, documentos, ou mesmo pessoas) utilizando uma via (física ou virtual) que faz parte de um sistema cujo modelo estudamos. O grafo utilizado, como de hábito, será a base deste modelo que, como já vimos, é uma construção que tem sempre um objetivo determinado.

Falta entender, portanto, o que estamos querendo, ao propormos a construção de um modelo de fluxo. Podemos observar que este tipo de modelo traduz situações nas quais se transporta algo (no caso, o recurso considerado). Então é disso que se trata, portanto aparecem logo algumas coisas que poderemos desejar saber:

- qual a maior quantidade de fluxo que pode passar por um dado grafo ?
- qual o menor custo associado a uma dada quantidade de fluxo ?
- onde teríamos de intervir no problema, para podermos aumentar o trânsito de fluxo, ou para corrigir alguma falha ?

Estaremos considerando como inteiras as valorações dos grafos com fluxo: como veremos adiante, os algoritmos não são formulados para trabalhar no conjunto dos números reais.

Antes de podermos responder a essas questões, precisaremos formalizar e detalhar um pouco mais o problema. E, antes de mais nada, olhar para um exemplo.

7.2 Um exemplo simples

Vamos examinar um modelo (muito) simples, representado pelo grafo abaixo. Ele pode ser associado, por exemplo, a um trecho de malha rodoviária urbana. Os valores entre parênteses corresponedm ao número máximo de veículos que podem passar pelos arcos numa determinada unidade de tempo (digamos, um minuto). Estes números são chamados *capacidades*.

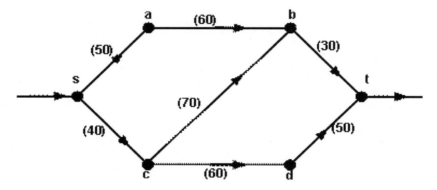

Em um primeiro momento, olhando para a entrada, poderíamos pensar que seria possível passar 90 veículos por minuto neste trecho, 50 por uma via e 40 pela outra. Olhando com mais atenção, agora para a saída, vemos que não poderíamos passar mais do que 80 veículos. Será esse o fluxo máximo ?

Após algumas tentativas, o leitor se convencerá que o máximo que conseguiremos passar é 70 veículos.

Este é um dos tipos de problema que estaremos discutindo neste capítulo. Muitas simplificações foram feitas: capacidade constante, veículos idênticos, etc. Então é melhor, antes de ir mais a fundo, saber de quais fluxos estamos falando.

7.3 De quais fluxos estaremos falando ?

O número de situações nas quais se encontram fluxos é enorme e extremamente variado: para dar um exemplo que frequentemente nos intriga, vamos pensar em um túnel razoavelmente longo (digamos, com 1000 metros). É comum que, ao dirigirmos nosso carro, encontremos engarrafada a entrada de um túnel como esse, o que corresponde a um fluxo extremamente baixo (digamos, 4 carros por minuto). Conseguimos entrar e, depois de uns 600 metros, o tráfego começa a se organizar melhor, a velocidade aumenta e, na saída do túnel, quem estiver medindo o fluxo irá encontrar, por exemplo, 40 carros por minuto.

Ou, então, o contrário: entramos no túnel a 60 km/hora, com um fluxo, por exemplo, de 40 carros por minuto, e lá dentro, quase na saída, encontramos um motorista lento que não passa dos 40 km/hora. Resultado, acúmulo de carros atrás dele, engarrafamento e lá vai o fluxo saindo na base de 4 carros/minuto.

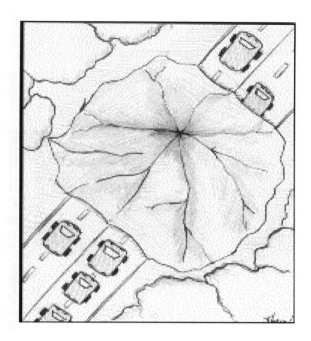

Este fluxo, como o descrevemos, é *não-linear*: o seu valor muda ao longo do percurso, de uma forma difícil de traduzir em um modelo. A resolução do mesmo se torna muito difícil ou impossível, a menos que utilizemos técnicas avançadas, fora do escopo deste texto. Tal situação é comum no tráfego urbano e, por isso, nosso maior interesse em problemas de tráfego em vias reside no estudo do transporte interurbano de cargas.

Então trabalharemos apenas com *fluxos lineares*: a hipótese de linearidade implica em que poderemos adicionar fluxo ao valor que passa por uma dada ligação, somar fluxos que venham de várias ligações para um vértice ou então multiplicar um fluxo por uma constante, sem alterar o comportamento do fluxo. No tráfego urbano, isso não acontece sempre: o aumento do fluxo em uma via acaba por influir sobre os motoristas, que (corretamente) diminuem a velocidade e, portanto, a quantidade de veículos que passam na unidade de tempo – e lá se vai a linearidade.

Um ponto importante é a *duração* da situação em estudo. De nada adianta construir um modelo de fluxo, se os dados – dos quais as propriedades do fluxo irão depender – variarem muito depressa. O tipo de modelo que estudamos aqui considera que os fluxos possam ser mantidos constantes durante um período que seja significativo para o objetivo visado. Por exemplo, se tivermos caminhões transportando carga em estradas e, na mesma ocasião, cairem chuvas fortes, é claro que haverá uma diminuição do fluxo, visto que ele depende da velocidade média dos veículos. Existem na literatura modelos (chamados de *θ-fluxo*) que permitem levar em conta intervalos de tempo, de modo a que se possam considerar variações nos dados de capacidade e nos valores dos fluxos.

Os fluxos devem também ser *conservativos*, ou seja, não aparece nem desaparece fluxo. Um contra-exemplo aparece se estivermos transportando 1000 toneladas de arroz por dia para uma usina de beneficiamento e soubermos que este processo implica em uma perda de 10% do peso (das cascas), teremos certeza que irão sumir, aí, 100 toneladas por dia. Ou, ao inverso, poderemos estar enlatando óleo lubrificante que nos chega em caminhões na base de 100 toneladas/dia, usando garrafas de 1 litro que pesam 135 gramas cada e caixas de 24 garrafas que pesam 450 gramas cada. O peso de 24 litros de óleo (por exemplo, de densidade 0.965) será 24 x 0,965 = 23,16 quilos, ao qual estaremos adicionando (24 x 0,135) + 0,450 = 3,69 quilos: um acréscimo de cerca de 16%, ou 16 toneladas por dia a mais, a serem transportadas. Não estudaremos aqui estes casos, mas eles podem ser encontrados na literatura sob as denominações *fluxo multiplicativo* ou *k-fluxo*.

Restam apenas, duas considerações:

- nosso fluxo deve ser de *um único produto*: um *fluxo múltiplo* (ou *multifluxo*) pode até ser linear, mas sua resolução exigiria técnicas que não estão no escopo deste texto. Não se pode substituir banana por abacaxi, se os dois estiverem sendo transportados!
- não devem existir *restrições condicionais* (ou seja, que vinculem o valor do fluxo em um arco, ao valor do fluxo em outro arco). Um exemplo de um caso onde estas restrições aparecem é o da decisão sobre a mão de uma rua. A restrição que exprime esta situação (que, inclusive, é não linear) é que, para um dado par de arcos simétricos (i,j) e (j,i), os fluxos f_{ij} e f_{ji} sigam

$$f_{ij}.f_{ji} = 0.$$

A restrição diz que ao menos uma das direções terá fluxo nulo. Como ninguém abre uma rua para ficar vazia (a menos de algum "projeto político"), é claro que o modelo irá alocar um dos fluxos. (Um problema desse tipo pode, naturalmente, ser resolvido considerando-se em separado cada uma das direções, para ver qual o melhor resultado).

> *Bem, já temos alguns contra-exemplos:*
> *que tal, agora, examinarmos um caso no qual o fluxo seja, de fato, linear ?*

Vamos imaginar que nosso problema seja o de uma empresa que entrega habitualmente um certo número de unidades de um produto, usando caminhões (podem ser unidades discretas, por exemplo, geladeiras – ou, então, granéis ou pequenos pacotes). De qualquer forma, pensaremos em valores inteiros para fluxos e capacidades. O motivo disso será discutido adiante.

Então teremos uma certa capacidade (a dos caminhões) disponível ao longo de um período dado de tempo, durante o qual as condições do transporte possam ser consideradas constantes. Estes caminhões não irão interferir uns com os outros, porque estarão trafegando em ocasiões diferentes (por exemplo, um a cada dia): logo, não aparece a não-linearidade observada no tráfego geral urbano.

Uma situação como essa pode existir, eventualmente, dentro de uma cidade: o modelo linear poderá ser aplicado, porque ele atende à palavra-chave que é a não-interferência dos elementos do problema.

Observe que esta situação cabe exatamente no nosso exemplo simples em 7.2.

O mesmo ocorrerá com fluxos de mensagens ou de papéis que, na maioria dos casos, não "se atrapalham" uns aos outros.

7.4 Um pouco de formalização

Um grafo com fluxo será aqui representado por uma tripla G = (V,E,**f**) na qual, à notação habitual de um grafo, se acrescentou um vetor **f** de dimensão $m + 1$, sendo m o número de arcos do grafo:

$$\mathbf{f} = (f_0 , f_1 , ..., f_m)$$

Este vetor é o *fluxo* no grafo G e cada uma de suas componentes (*fluxos elementares*) indica o valor do fluxo em uma *ligação* de G. O grafo G é aqui considerado como orientado. Ele deve possuir um único vértice *fonte s* (de onde sai o fluxo) e outro, *sumidouro t* (ao qual o fluxo se dirige). Da fonte *s*, deve ser possível atingir todo vértice do grafo (então *s* é uma raiz, veja o **Capítulo 4**) e, de qualquer vértice do grafo, deve ser possível atingir o sumidouro *t* (diz-se que *t* é uma *antirraiz*).

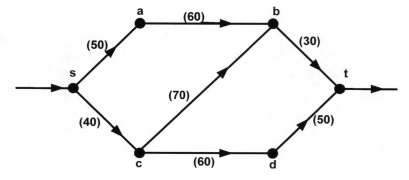

> *Um momento! De onde vem o arco que entra em s ? E o que sai de t ?*

Em princípio, as questões "de onde o fluxo vem ?" e "para onde o fluxo vai ?" não fazem parte do modelo. É claro: o modelo é _finito_ e _dinâmico_ ao mesmo tempo, então teremos que trabalhar com uma fotografia, por assim dizer, da parte do trânsito de fluxo que nos interessa. Por exemplo, para onde vão os caminhões de uma frota de transporte de cereais, depois de entrarem nas cidades que registramos como seus destinos, não é de nosso interesse. Porém você tem razão, se achou algo estranho: um arco, em um grafo, só pode existir entre dois vértices. Logo adiante você entenderá o que significam esta entrada e esta saída.

Neste momento aparece um probleminha: vamos pensar no exemplo do óleo lubrificante, acima. Um caminhão-tanque chega com 30.000 litros de óleo e, da instalação de enlatamento, saem 30.000 garrafas de 1 litro devidamente embaladas em caixas etc., etc., como já discutimos. O importante, para nós, é o seguinte: a menos de alguma perda (desprezível), _todo o óleo_ que _chega_ à instalação (que é um vértice do grafo) _sai de lá_. Se chegarem vários caminhões por dia, vindos de diferentes direções, não vai haver dúvidas: o óleo que sairá da instalação corresponderá à _soma_ desses valores de chegada. Logo, trata-se de um fluxo _linear_ (desde que deixemos de lado a embalagem!).

Então aparece uma propriedade importante dos fluxos lineares, que é a _lei de conservação_, a qual expressaremos em termos do grafo que estaremos usando como modelo:

> Todo fluxo que **chega** a um vértice do grafo **sai dele**.

Faltam apenas alguns detalhes para que completemos a montagem do modelo.

Por conveniência, ao trabalharmos com um modelo de fluxo, adicionaremos um arco (t,s) que tem duas finalidades:

- a primeira é que ele torna o grafo _f-conexo_, o que permite que s e t não sejam considerados "especiais". Eles passam a obedecer à lei de conservação (e, além disso, o modelo "fecha", o que evita a dúvida de que falamos acima).

- a segunda é que, como _todos os fluxos elementares convergem para t_, o arco (t,s) os receberá todos: portanto, o _valor_ do fluxo em (t,s) é o _total_ do fluxo que passa por G.

Este arco (t,s) é conhecido como _arco de retorno_. Agora, sim, aparece o que eram aquela entrada e aquela saída...

Observe o grafo ao lado e veja que demos o índice _zero_ ao arco de retorno. Com isso, uma componente de valor igual ao fluxo total no grafo será incluída no vetor **f**, representativo do fluxo, que definimos acima. Teremos assim uma posição para registrar os totais que forem sendo encontrados por um algoritmo adequado ao trabalho com fluxos.

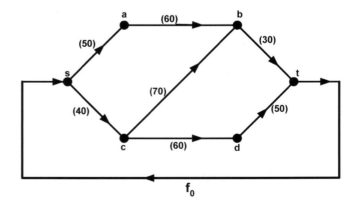

Em qualquer aplicação, existem naturalmente _limites_ para a _quantidade de fluxo_ que pode passar por uma dada via.

No entanto, até agora, nada dissemos quanto à possibilidade de um dado valor de fluxo _caber_ em um arco. Precisaremos, então, definir _vetores limite_ [**b**,**c**] para as capacidades dos os arcos do grafo: escreveremos, para um arco $e = (i,j)$ qualquer, $b_e = b_{ij} = b(i,j)$ e $c_e = c_{ij} = c(i,j)$, conforme seja mais interessante especificar os arcos por meio de rótulos próprios ou de rótulos dos pares de vértices a eles associados:

$$b_e \leq f_e \leq c_e \qquad \forall e \in E \qquad (7.2a)$$
$$b_{ij} \leq f_{ij} \leq c_{ij} \qquad \forall i, j \in V \qquad (7.2b)$$

que são as chamadas *restrições de canalização*. Um fluxo que obedeça a essas restrições é dito *viável*.

Observação: Em nossas aplicações, consideraremos os limites inferiores nulos, logo **b = 0** *(mas isso pode não acontecer, por exemplo, se existir algum contrato entre as partes, que obrigue a manutenção de um valor mínimo de fluxo).*

Como nossos fluxos serão lineares, eles serão conservativos (obedecerão à lei de conservação). Uma forma muito prática e concisa de exprimir essa lei é

$$f(v,V) = f(V,v) \qquad (7.3)$$

o que quer dizer que o fluxo de um vértice para todos os outros é igual ao fluxo de todos os outros para ele (isso cobre todos os arcos ligados a esse vértice; onde eles não existirem, não há o que incluir). Dentro de nosas aplicações, o fluxo de um vértice para ele mesmo será nulo: então não teremos de nos preocupar com ele. Além disso:

> A definição do arco de retorno permite que a expressão seja aplicável a todo $v \in V$.

O problema do fluxo máximo consiste apenas em maximizar o valor total do fluxo (ou seja, f_0) considerando-se as restrições de canalização e a lei de conservação. Temos portanto um programa linear, que pode resolvido por programação inteira com auxílio da matriz de incidência do grafo G.

Pode ocorrer que o problema envolva mais de uma fonte (sumidouro). Nesses casos, será necessário criar fontes e/ou sumidouros fictícios e ligar todas as fontes (sumidouros) existentes por meio de arcos de saída (entrada). Os limites para esses arcos são habitualmente [0, ∞] (assim como para o arco de retorno) o que evita que se introduzam erros no modelo (uma capacidade finita para um desses arcos pode "dar o azar" de ser menor do que o fluxo que iria atravessar o arco). Vamos aqui abstrair do grafo e representar apenas essas fontes e sumidouros, para tornar a figura mais clara:

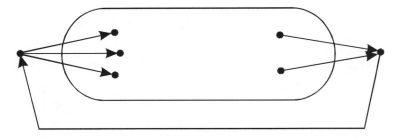

Como está indicado na figura, o arco de retorno será sempre adjacente à fonte e/ou ao sumidouro finais.

O problema pode apresentar ligações paralelas, o que criaria problemas para a representação dos arcos, se se usar a matriz de adjacência (porém não com a de incidência, caso do uso da PLI).. Então essas ligações serão condensadas em uma só ou, se isso não for representativo, quebram-se todas, menos uma, por meio de vértices fictícios:

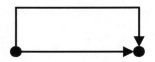
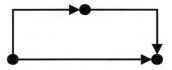

7.5 O problema do fluxo máximo como um PLI

Uma forma de representar o problema do fluxo máximo é exprimi-lo como um problema de programação inteira. Usaremos as características que enumeramos até agora e o exemplo já apresentado:

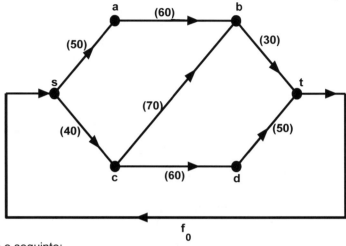

O modelo de PLI será o seguinte:

Max f₀

Sujeito a:

Restrições de conservação (a soma dos fluxos que entram é igual à soma dos fluxos que saem, utilizaremos a mesma convenção do *Capítulo 4*: saída +, entrada -) :

$f_{sa} + f_{sc} - f_0 = 0$

$f_{ab} - f_{sa} = 0$

$f_{bt} - f_{ab} = 0$

$f_{cb} + f_{cd} - f_{sc} = 0$

$f_{dt} - f_{cd} = 0$

$- f_{bt} - f_{dt} + f_0 = 0$

Restrições de capacidade (os fluxos não podem exceder a capacidade dos arcos)

$f_{kl} \in \{0,1,2,...,c_{kl}\}$

onde c_{kl} é a capacidade do arco (k,l).

Podemos, portanto, utilizar as técnicas de programação linear Inteira. Entretanto, o problema dos fluxos tem, ainda, soluções e algorítmos próprios. É o que passaremos a examinar.

7.6 O problema do fluxo máximo

Como vimos acima, este problema corresponde a achar a maior quantidade de fluxo que pode passar por um dado grafo.

Consideremos um grafo com um fluxo dado (que pode, inclusive, ser nulo). Como o fluxo transita pelo grafo, é natural que se procure aumentá-lo *encontrando um caminho de s a t*, através do qual isso seja possível: ou seja, no qual *nenhum arco* já esteja *cheio* de fluxo (diz-se *saturado*). Então haverá uma *folga* nesse caminho e poderemos aumentar o fluxo total fazendo passar por esse caminho uma quantidade de fluxo igual à sua folga.

Para a formulação deste problema é fundamental a noção de *corte*, cuja definição é a seguinte:

> Seja G = (V,E,**f**) um grafo com fluxo e seja X ⊂ V tal que $s \in X$ e $t \notin X$.
>
> Então um *corte* K = (X, V - X) em G é o <u>conjunto dos arcos</u> de G com extremidade <u>inicial</u> em X e extremidade <u>final</u> em V - X (complemento de X em relação a V).

Como um corte é um conjunto de arcos, podemos definir de maneira natural uma capacidade de corte. Chamando V – X = $\overline{X}$, definimos:

$$c(X,\overline{X}) = \sum_{i \in K} c_i$$

Observe que a fonte *s* pertence a X e o sumidouro *t* a V – X. Como todos os arcos do conjunto que forma o corte K começam em X (do lado de *s*) e terminam em V – X (do lado de *t*), pode-se concluir que <u>toda unidade de fluxo</u> que atravessar de *s* para *t* deverá <u>passar por algum</u> desses arcos. Vejamos no nosso exemplo:

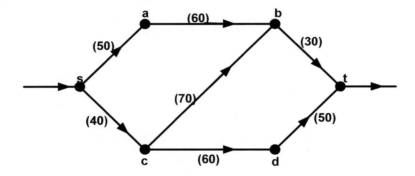

- *O conjunto {sa, sc} é um corte* e sua capacidade é 90.
  Para este corte: X = {s} , $\overline{X}$ = {a, b, c, d, t}
- *O conjunto {bt, dt} é um corte* e sua capacidade é 80.
  Para este corte: X = {s, a, b, c, d} , $\overline{X}$ = { t}
- *O conjunto {sc, bt} é um corte* e sua capacidade é 70.
  Para este corte: X = {s, a, b} , $\overline{X}$ = {c, d, t}

  Observe, neste último caso, que o fato de existir um arco indo de c para b <u>não invalida a definição</u> – o arco está indo de $\overline{X}$ para X, logo não pertence a (X, $\overline{X}$). (De fato, ele pertence ao c*orte oposto* ($\overline{X}$, X)).

- *O conjunto {sa, dt} não é um corte* pois sua retirada <u>não impede</u> o fluxo de ir de *s* para *t* através do caminho (s,c,b,t). Além disso, o conjunto de <u>vértices</u> { s,a,d,t } contém tanto *s* como *t* e portanto não corresponde à definição de corte.

O leitor certamente percebeu que o menor corte que encontramos se igualou ao fluxo máximo. Será coincidência ? A resposta é "<u>claro que não</u>" e é a base do Teorema de Ford e Fulkerson.

7.7 O teorema de Ford e Fulkerson

Então obtivemos uma ferramenta - o corte - capaz de <u>controlar a passagem do fluxo</u> (na prática, poderemos colocar, por exemplo, um contador de tráfego em cada arco do corte). Mas se pode objetar: <u>exatamente aonde</u> ? Porque nada

Grafos: introdução e prática 127

dissemos a respeito do conjunto X de vértices, a não ser que ele deve conter *s* e que não pode conter *t* : no mais, podemos escolher qualquer um, e deve haver muitas possibilidades.

Falta, portanto, um *critério* que nos permita utilizar eficientemente a noção de corte. Com a definição de capacidade de corte que mostramos acima, podemos tirar uma conclusão imediata sobre o *valor total* f_0 do fluxo:

$$f_0 \leq c(X, \overline{X}) \qquad \text{para todo } X \subset V.$$

Então surge naturalmente uma pergunta:

> *Haverá um corte cuja capacidade seja igual ao valor do fluxo ?*

Claro que sim: *se existem diversos cortes, haverá um* cuja capacidade possa ser igualada a um certo valor do fluxo. Porém, não *qualquer* valor.

Realmente, se partirmos de um *fluxo total nulo* teremos, logo de início, que este fluxo terá sempre valor *menor* do que a capacidade de qualquer corte (um corte é feito de arcos e um arco com capacidade nula, de fato, não existe para fins práticos).

Vamos então, aos poucos, *aumentando* este fluxo e testando para *comparar o seu valor* com as capacidades dos cortes. Em um dado momento, ele se tornará *igual* a uma delas: é claro que isto acontecerá com a menor de todas. Portanto, um corte cuja capacidade possa se tornar *igual* ao valor de um fluxo é um corte de *mínima capacidade*.

E o fluxo que realizou essa proeza, poderá ser aumentado ainda ?

Claro que não: *todo fluxo* deve atravessar *todo corte* e este corte mínimo já estará *saturado*.

Portanto este fluxo será *máximo*.

E chegamos ao *teorema de Ford e Fulkerson*, conhecido também como *max flow-min cut*:

> **Teorema 7.1**: *O valor do fluxo máximo em um grafo é igual à capacidade do corte de capacidade mínima.*

Toda esta discussão pode ser resumida, mais informalmente, através da consideração de que um corte de capacidade mínima é um "gargalo" do grafo, ou seja, o mais estreito ponto de passagem entre *s* e *t*. Só vai passar pelo grafo o fluxo que couber nesse gargalo.

7.8 Grafo de aumento de fluxo, ou grafo de folgas

7.8.1 Agora que sabemos como *caracterizar* um fluxo máximo e também que o valor do fluxo será aumentado através de *caminhos entre s e t*, vamos procurar meios que nos permitam definir um algoritmo para achar um fluxo máximo.

Para isso construímos um *grafo associado* ao nosso G = (V,E,**f**): o *grafo de aumento de fluxo*, ou *grafo de folgas* G^f = (V,E^f). Sua construção - que *depende do fluxo* encontrado até aquele momento - é feita da seguinte forma:

Seja um arco $e = (v,w) \in$ E: em G^f, teremos um arco

(i) $e = (v,w) \in E^f$, se $f_{vw} < c_{vw}$

(ii) $\overline{e} = (w,v) \in E^f$, se $f_{vw} > 0$.

Os arcos e e $\bar{e}$ serão valorados pelas respectivas *folgas* $\varepsilon_{vw} = c_{vw} - f_{vw}$ e $\bar{\varepsilon}_{wv} = f_{vw}$. Portanto G^f terá dois arcos associados a um arco de G, se o fluxo estiver estritamente entre os limites.

Para que servem estas folgas ? A primeira não deixa dúvidas, ela indica *de quanto* o fluxo no arco poderá ser *aumentado*. Já a segunda é mais capciosa. Como dissemos no **Capítulo 1**, a Matemática é útil para planejar. Isso quer dizer que se tomamos uma decisão que não seja a melhor podemos desfazê-la, isto é, invertê-la – e, para fazê-lo, só gastamos papel. Ao passar um determinado fluxo, criamos a possibilidade de desfazer o que fizemos. No nosso modelo isso equivale a criar uma capacidade em sentido inverso ao fluxo que está passando. É por isso que temos de ter $\bar{\varepsilon}_{wv} = f_{vw}$

É *exatamente para isso* que serve o G^f: ao criarmos a possibilidade de associar, a cada arco, dois arcos de sentidos opostos, teremos uma chance de resolver este problema. Mas, pelo que expusemos acima, *há uma exigência*:

A segunda folga $\bar{\varepsilon}_{wv}$ (*folga inversa*) só vai existir se o fluxo no arco for *não nulo*. Claro: como o arco (w,v) está ao contrário, ao *aumentarmos* o fluxo na sequência entre s e t, o fluxo nele terá de ser *diminuído*, para que se mantenha a conservação nos vértices w e v.

Para ver melhor o que ocorre, vamos examinar um exemplo. Na figura, em (a), temos uma sequência $s - t$ de arcos, *pertencente a um grafo* com fluxo (o restante do grafo não vai nos interessar, basta saber que ele está lá).

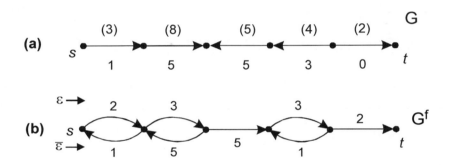

Na sequência (a) o valor entre parênteses sobre cada arco é a sua capacidade e o valor abaixo do arco o fluxo elementar que passa por ele. Como existe um grafo subjacente, as diferenças entre fluxos passando por dois arcos sucessivos corresponderão a fluxos entrando ou saindo da sequência, conforme o caso: por exemplo, o primeiro arco tem fluxo 1 e o segundo, 5: logo, 4 unidades de fluxo vieram de algum arco não representado na figura.

Em (b) temos a parte de G^f correspondente à sequência (a). O primeiro arco tem fluxo positivo e menor que a capacidade, logo há dois arcos que a ele correspondem: um no mesmo sentido do original, cujo valor é a folga 3 – 1 = 2; outro, no sentido oposto, cujo valor é o fluxo 1. Vamos ainda olhar para o terceiro arco da sequência: ele está saturado, seu fluxo é igual à sua capacidade e portanto o valor do arco de G^f de mesmo sentido é zero (*O arco não existe!*). Já o arco de sentido oposto (que tem sentido $s - t$) tem valor 5, igual ao do fluxo.

Com os demais arcos, temos situações análogas. O resultado final é um caminho, que pode ser observado em (b), onde os arcos têm capacidades (folgas) iguais a 2, 3, 5, 3 e 2.

Então poderemos utilizar este caminho para aumentar o fluxo, uma vez que sua folga é positiva. O valor do aumento admissível será min (2, 3, 5, 3, 2) = 2. Voltamos a (a) para passar um fluxo adicional com este valor pelo caminho: podemos observar na figura abaixo que, nos arcos "para a frente", o fluxo aumentou de 2 unidades, enquanto nos arcos "para trás" ele diminuiu de 2 unidades.

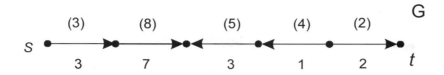

Além disso, passamos a ter 2 arcos saturados, o que indica que, no que concerne esta sequência, o processo terminou.

Mais adiante veremos um exemplo completo do uso das folgas inversas.

7.8.2 Algoritmo de Ford-Fulkerson

Com base no que foi visto, podemos formular o seguinte algoritmo (resumido):

início < dados: $G = (V,E,\mathbf{f})$; $c(e)$, $e \in E$; $\mathbf{f}$ inicial dado; *Capcorte* $\leftarrow \infty$; >
    enquanto *Capcorte* $\neq f_o$ **fazer**
      início
        construir G^f;   < rotina de construção >
        enquanto existir caminho μ_{st} de s a t em G^f < rotina de busca >
          início
            determinar folga ε_{st} de μ_{st};   < rotina para achar folga >
            introduzir fluxo em μ_{st} igual a ε_{st}; $f_0 \leftarrow f_0 + \varepsilon_{st}$;   < rotina para introduzir fluxo >
            construir G^f;
          fim;
        $X \leftarrow \{$vértices atingíveis de s em $G^f\}$;   < rotina para achar corte >
        se $t \in X$ **então**
      fim;
          senão
            achar *Capcorte* $c(X, \overline{X})$ $(= f_o)$ < o fluxo é máximo >
fim.

Esta forma está bastante compactada: podemos observar que o algoritmo usa uma rotina de busca de caminho como auxiliar e que são necessárias rotinas para achar a folga, para somar o fluxo (que é somado ou subtraído, de acordo com o sentido de cada arco) e, ao final, para achar um corte de capacidade mínima e verificar o teorema de Ford e Fulkerson.

7.8.3 Um ponto importante

A forma como achamos o fluxo máximo implica em uma limitação importante: a igualdade entre o valor do fluxo máximo e a capacidade do corte mínimo exige, para ser verificada, que esses valores sejam *inteiros*. Mais precisamente, as capacidades e os fluxos devem ter valores racionais (que, portanto, possam ser reduzidos a inteiros pela multiplicação por uma constante). De fato, para valores reais, o algoritmo não converge em um número finito de iterações. Note que já tínhamos feito esta suposição, ao modelar o problema por programação linear inteira (item 7.5).

Vamos experimentar o algoritmo com o nosso exemplo:

Primeiro G^f = G.

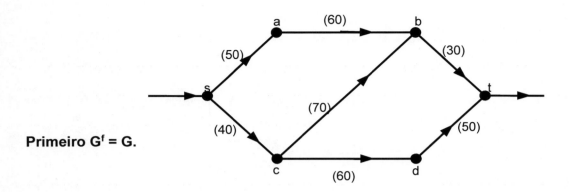

Seja inicialmente **f = 0**; *Capcorte* = ∞. O grafo e as capacidades dos arcos estão na figura. Vamos então construir G^f que, com fluxo inicial nulo, é igual a G (não há arcos de sentido oposto, porque os fluxos elementares são nulos). As folgas, todas "para a frente", são iguais às capacidades. Então tomamos o primeiro caminho por ordem lexicográfica, que é (*s, a, b, t*). A sua folga é min (50, 60, 30) = 30.

Portanto, introduzimos nele <u>30 unidades</u> de fluxo.

Passamos então à construção de um novo G^f, que está representado abaixo. O conjunto X, de vértices atingíveis de s, é {*s, a, b, c, d, t*} (Verifique). O segundo comando "construir G^f" garante que teremos sempre o grafo mais recente para verificar o fluxo e que toda busca de caminho será feita no novo G^f. Aqui, dois dos arcos (de G) do primeiro caminho usado correspondem a arcos de ida e volta.

Segundo G^f:

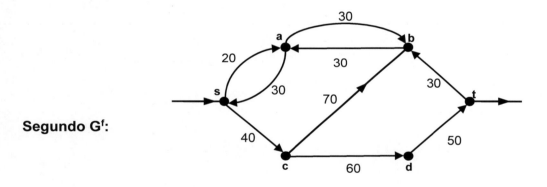

Procurando um caminho de *s* a *t*, encontramos (*s, c, d, t*) com folga 40. Logo introduzimos **mais 40 unidades** de fluxo nele. Feita a introdução do fluxo, teremos

Terceiro G^f:

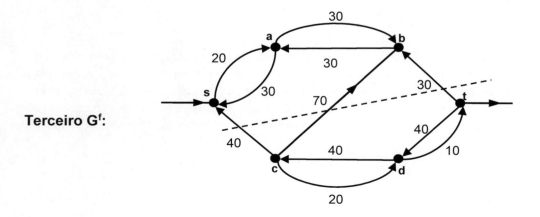

Grafos: introdução e prática   131

Agora o conjunto X é {s, a, b} : não contém t. Calculamos a capacidade do corte, que é o conjunto dos arcos de sentido (s,t) que unem { s, a, b } a { c, d, t } – que é 70, dada pelos arcos (c,s) e (t,b).

Atenção: Estes arcos correspondem aos arcos (s,c) e (b,t), de sentido inverso, em G, que é o nosso grafo! Lembre que G^f é um *artifício* para facilitar a busca do fluxo máximo. Para mostrar com mais clareza o que resulta, vamos ver o grafo G, já com o fluxo máximo:

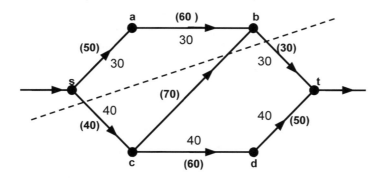

Uma observação importante é que, sempre que encontramos um novo caminho, um arco (pelo menos) fica saturado, isto é, tem sua capacidade esgotada.

O corte mínimo é sempre formado por arcos que estão saturados ao fim do algoritmo (embora não necessariamente todos eles).

A linha pontilhada atravessa os dois arcos mencionados.

Você poderia perguntar: E o arco (c,b) ?

Vamos relembrar: ele pertence ao *corte oposto* ($\overline{X}$, X): c $\in$ $\overline{X}$ e b $\in$ X, que não faz parte da solução.

Ainda falta um ponto a detalhar:

No exemplo acima, em nenhum momento utilizamos as folgas inversas (do tipo $\overline{\varepsilon}_{ij}$). <u>Nem sempre obteremos o fluxo máximo sem elas!</u> Vamos usar uma modificação do exemplo anterior (note a mudança na rotulação e na capacidade do arco (d.t), que agora será 30):

Primeiro G^f = G.

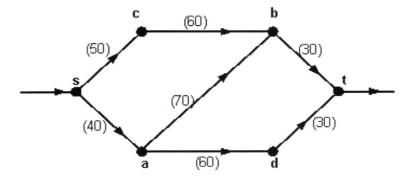

O primeiro caminho é (s, a, b, t), de folga min {40,70,30} = 30. O novo G^f será:

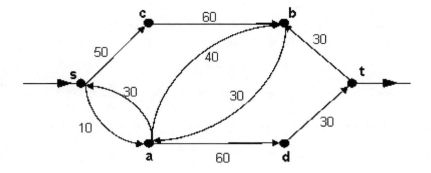

Segundo G^f

O próximo caminho é (s, a, d, t) e a folga é min {10,60,40} = 10. O terceiro G^f será:

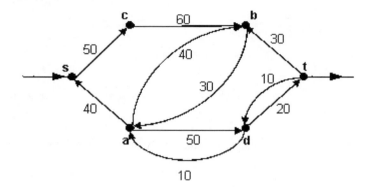

Terceiro G^f

Terminou ? Não, pois ainda temos o caminho (s, c, b, a, d, t) que utiliza a folga inversa $\overline{\varepsilon}_{ba}$.

A folga neste caminho é min {50,60,30,50,20}= 20. O novo G^f fica:

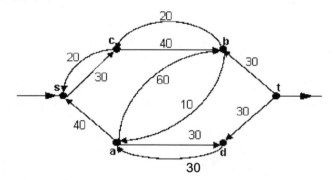

Quarto G^f

Como não há mais caminhos entre *s* e *t* o algoritmo termina. As folgas inversas indicam o o fluxo final e o corte mínimo agora é obtido, por exemplo em {(b,t),(d,t)}:

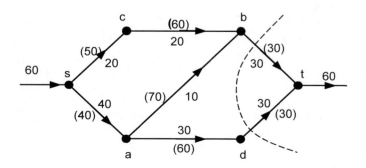

Grafos: introdução e prática   133

O que o algoritmo fez ? Na primeira passagem, ele saturou o arco (*b,t*), e na segunda o arco (*s,a*). Isto foi feito utilizando o arco (*a,b*), mas o fluxo máximo não foi alcançado.

O algoritmo então utilizou a folga $\overline{\varepsilon}_{ba}$ (inversa) para "corrigir" o fluxo, desfazendo (em parte) o que passava pelo arco (*a,b*), conseguindo assim aumentar o fluxo.

Neste exemplo, usamos uma rotulação dos vértices um tanto "fora da ordem" para que a ordem lexicográfica forçasse o uso do arco (*a,b*). No próximo tópico (fluxo com custos) veremos que isso acontecerá de forma natural.

7.9 Fluxos com custo

É natural que, ao aplicarmos alguma ideia a um problema prático, da vida real, nos perguntemos quanto aquilo vai nos custar. Ao se pensar em transportes, cada um de nós já teve diversas ocasiões em que teve de investigar qual o meio mais barato de ir a determinado lugar: em particular, nas viagens de avião, há inúmeras tarifas normais e especiais, que dependem de horários, épocas do ano e diversos outros fatores.

Quando se trata de um negócio, então, o problema se complica: porque se tem de achar soluções que sejam válidas por algum período de tempo e, se uma delas deixar de ser válida, precisaremos de meios para encontrar uma nova solução e colocá-la em prática.

Problemas de transporte, nessas condições, envolvem normalmente o estudo de fluxos que correspondem ao envio, por exemplo, de mercadorias. Já vimos como se faz para achar a maior quantidade de fluxo que pode passar por um dado grafo (que é sempre, nas aplicações, o modelo de alguma rede de transportes real). Agora, vamos levar em consideração o *custo* associado a esse transporte.

Este custo é um dado adicional (uma valoração) associado a cada arco do grafo. Ele pode ser expresso, por exemplo, em reais por unidade transportada, ou em reais por tonelada-quilômetro se se tratar de cargas de granéis ou de pequenas unidades. Não é a mesma coisa, por exemplo, transportar carros em um caminhão-cegonha (frete por unidade) e soja, ou leite, em caminhões apropriados (frete por tonelada-quilômetro).

Para entrar com os dados de forma que eles possam ser processados no modelo de grafo, é preciso que cada arco do grafo receba um *custo final* (que seria em reais por unidade de fluxo, já se levando em conta a distância). Por exemplo, se o cegonha cobrar R$ 1,00 por quilômetro para levar um carro de São Paulo ao Rio, o custo final do trecho será, para os 429 quilômetros, de R$ 429,00 (por carro, que é a unidade do fluxo).

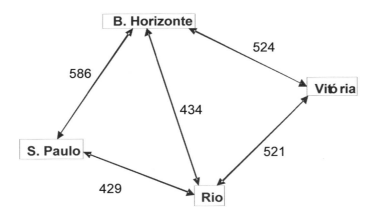

Já sabemos achar caminhos de menor custo de um vértice de um grafo para qualquer outro vértice, conhecendo os custos dos arcos.

E, também, sabemos achar o fluxo máximo em um grafo, conhecendo as capacidades dos arcos.

Logo, porque não usar um algoritmo de minimização de (custos de) caminhos em um grafo com fluxo, para encaminhar esse fluxo de modo que o seu custo seja mínimo ?

Pois é exatamente o que faremos: apenas, por um detalhe operacional, não poderemos usar quailquer algoritmo para esse fim. Isto, porque teremos de construir o G^f, nosso grafo de aumento de fluxo.

Já vimos que, quando o fluxo for não nulo e menor que a capacidade, cada arco de G produzirá dois arcos, de sentidos opostos, em G^f: Em nosso problema, estes arcos terão custos negativos.

Aqui, designamos o custo do arco por γ, para evitar confusão com a capacidade. O custo do arco de G^f de mesmo sentido será γ, enquanto o custo do arco de sentido contrário será $-\gamma$.

Por isso, precisaremos de um algoritmo que aceite arcos com custos negativos: o algoritmo de Bellmann-Ford, ou BF (veja o **Capítulo 3**) é perfeito para esta aplicação, porque ele os aceita e além disso parte de uma origem dada, tal como o nosso problema.

Vamos executar em primeiro lugar o algoritmo e depois formalizá-lo (não vamos, no entanto, executar o BF, apenas iremos nos referir a ele). O exemplo será o mesmo, com uma valoração adicional por custo: por exemplo, em (s,a) a capacidade é 50 e o custo de passagem de uma unidade é 20.

Primeiro G^f = G.

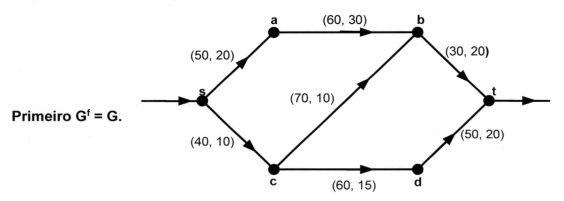

O BF vai encontrar o caminho (s, c, b, t), de custo mínimo 40.

A folga dele é 30 e o custo total (até agora) será 30 x 40 = 1200. E o novo G^f é:

Segundo G^f:

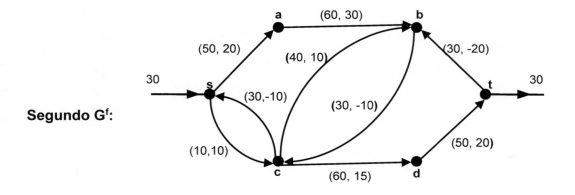

Grafos: introdução e prática

De novo, aqui a valoração por capacidades foi substituída pela valoração por folgas (por exemplo, 50 é a folga de (s,a), uma vez que seu fluxo elementar é nulo e sua capacidade é 50, mas em (s,c) temos capacidade 40 e 30 unidades de fluxo, logo sua folga agora é 10 enquanto a folga de (c,s) é 30).

O próximo caminho de menor custo encontrado pelo BF é (s, c, d, t), de <u>custo 45</u> e <u>folga 10</u>. Aqui já podemos ver a importância de se usar o BF: apareceram custos negativos no grafo.

Introduzindo nele 10 unidades de fluxo, teremos um novo G^f:

Terceiro G^f:

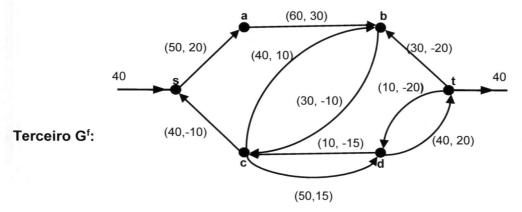

Estamos passando já 30 + 10 = 40 unidades. As últimas 10 unidades tem custo 10 × 45 = 450. Nosso custo total está em 1200 + 450 = 1650.

Neste grafo, o caminho de menor custo (e único) é (s, a, b, c, d, t), de <u>folga 30</u>. O seu <u>custo</u> é igual a 20 + 30 − 10 + 15 + 20 = <u>75</u>. O custo parcial desta fase é 30 × 75 = 2250. Até agora passamos 30 + 10 + 30 = 70 unidades com custo total 1650 + 2250 += 3900.

Introduzindo nele 30 unidades de fluxo, teremos o novo G^f:

Quarto G^f:

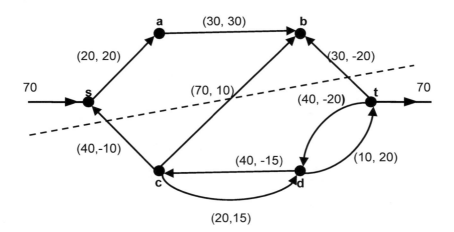

Observe que a introdução de fluxo no último caminho anulou o que tinha sido feito na primeira iteração, em relação ao arco (c,b), que acabou ficando sem fluxo (ilustrando, de novo, o uso da folga $\overline{\varepsilon}_{bc}$). A solução para o fluxo é a mesma já encontrada.

O custo total é igual à soma dos produtos dos fluxos acrescentados a cada iteração, pelos custos correspondentes, ou seja, como já vimos,

$$(30 \times 40) + (10 \times 45) + (30 \times 75) = 3900 \text{ unidades.}$$

136   *Capítulo 7: Fluxos em grafos*

7.10 Problemas práticos associados ao problema do fluxo com custo

7.10.1 É importante notar que, agora, dispomos de meios para resolver dois problemas diferentes:

1º problema: Quanto custaria (no mínimo) enviar k unidades da fonte ao sumidouro ?

Devemos lembrar que estaremos limitados ao fluxo máximo (no caso, 70 unidades). Vejamos alguns exemplos.

- ***Exemplo 1:*** Quanto custaria passar 25 unidades de fluxo pela nossa rede ?

O primeiro caminho que conseguimos foi (s, c, b, t). Ele nos permitiria passar 30 unidades ao custo unitário de 40. Portanto esse caminho nos permite passar 25 unidades com custo 25 x 40 = 1000 unidades.

- ***Exemplo 2*** – Quanto custaria passar 35 unidades pela rede ?

    O primeiro caminho que conseguimos nos permitiria passar 30 unidades ao custo unitário de 40. Portanto esse caminho nos permite passar 30 unidades com custo 30 x 40 = 1200. Ficam faltando 5 unidades.

    Para estas, teremos que usar o caminho seguinte (s, c, d, t). Esse caminho nos permite passar até 10 unidades a mais, com custo unitário 45. O custo total de passar 5 unidades é 5 x 45 = 225.

    Logo, o custo total de passar 35 unidades pelo fluxo é 1200 + 225 = 1425.

Podemos resolver este problema sem nos preocuparmos com o "saldo" de fluxo que ainda não foi encaminhado. Para isso, basta atribuir ao arco de retorno o valor do fluxo que queremos passar. Como todo o fluxo encaminhado através do grafo vai passar por ele, no momento em que ele ficar saturado teremos a nossa resposta.

Para trabalhar assim, teremos que procurar um <u>circuito</u> que contenha s e t e que portanto volte a s (ao invés de, apenas, um caminho de s para t), de modo a podermos calcular a folga de (t,s) a cada iteração. O custo do arco (t,s) de retorno é, naturalmente, nulo.

2º problema: Quantas unidades poderemos passar (no máximo) da fonte ao sumidouro, desde que o custo total não exceda p?

- ***Exemplo 3:*** Se eu dispuser de 2600 unidades monetárias, quantas unidades de fluxo poderei passar?

    Vamos proceder da mesma maneira:

    O 1º caminho (s, c, b, t) nos permite passar 30 unidades com custo 30 x 40 = 1200.

    O 2º caminho (s, c, d, t) nos permite passar 10 unidades com custo 10 x 45 = 450.

    Nosso custo total está em 1650. Ainda dispomos de 2600 – 1650 = 950 unidades monetárias.

    O 3º caminho (s, a, b, c, d, t) nos permite passar 30 unidades ao custo unitário de 75. Como só dispomos de 950 poderemos passar mais 12 unidades (ao custo de 12 x 75 = 900). Ainda sobrarão 50 unidades monetárias que serão insuficientes para "comprar" mais unidades de fluxo.

    Enfim, 2600 unidades monetárias nos permitem passar 30 + 10 + 12 = 52 unidades de fluxo, ao custo de 2550.

O fato de que estamos aumentando nosso fluxo sempre usando o caminho "mais barato" disponível   nos permitiu resolver os dois problemas.

Grafos: introdução e prática

7.10.2 Os modelos PLI dos problemas

1° problema:

Min $\gamma_{ij}f_{ij}$

sujeito a.

$$\sum_{j\in N^+(i)} f_{ij} - \sum_{j\in N^-(i)} f_{ij} = \begin{cases} k & i = s \\ 0 & i \notin \{s,t\} \\ -k & i = t \end{cases}$$

$$0 \leq f_{ij} \leq c_{ij}$$

2° problema:

Max v

s.a.

$$\sum \gamma_{ij}f_{ij} < p$$

$$\sum_{j\in N^+(i)} f_{ij} - \sum_{j\in N^-(i)} f_{ij} = \begin{cases} v & i = s \\ 0 & i \notin \{s,t\} \\ 0 \leq f_{ij} \leq c_{ij} \end{cases}$$

onde: os c_{ij} são as capacidades
os f_{ij} são os fluxos
os γ_{ij} são os custos

E o algoritmo, como fica ?

Muito simples: substituímos, no algoritmo de Ford e Fulkerson, o comando

enquanto existir caminho μ_{st} de *s* a *t* em G^f < rotina de busca >

por

enquanto existir caminho μ_{st} de *s* a *t* de menor custo em G^f < algoritmo BF >

É claro: se não existir caminho nenhum, não existirá um caminho de menor custo. Se existir algum caminho, o algoritmo apresentará o que tiver menor custo.

Exercícios – Capítulo 7

1 A demanda de transporte de arroz no Rio Grande do Sul, após a colheita (em milhares de toneladas/dia), é de 15 a partir da região de Pelotas (Pe), 18 a partir de Santa Maria (SM) e 12 a partir de São Borja (SB). Em Porto Alegre (PA) e em Caxias do Sul (Cx) há duas estações de beneficiamento que podem processar até 30.000 e 20.000 ton/dia respectivamente.

O arroz é adquirido por: Florianópolis (Flo), 4.000 ton/dia; Curitiba (Cur), 7.000; São Paulo (SP), 19.000 e Rio de Janeiro (Rio), 15.000. <u>Todos os valores estão expressos como arroz já beneficiado: logo, não se consideram perdas</u>. O transporte pode ser feito, nos diversos itinerários, até os seguintes limites (em 1.000 ton/dia):

De	Para	Até	De	Para	Até	De	Para	Até
Pe	PA	15	Pe	Cx	5	SM	PA	10
SM	Cx	5	SB	PA	10	SB	Cx	3
PA	Flo	3	PA	Cur	5	PA	SP	10
PA	Rio	10	Cx	Flo	3	Cx	Cur	8
Cx	SP	7	Cx	Rio	7	PA	Cx	10

Ache o fluxo máximo e procure verificar onde haveria oportunidades para ingresso de novos caminhoneiros no transporte de arroz.

2. No **Exercício 1**, se a colheita de Pelotas aumentar para 20.000 ton/dia e a demanda do Rio de Janeiro subir para 20.000 ton/dia, o que deverá ser ampliado no sistema ?

3. O grafo abaixo representa as estradas em uma área de um município do interior, onde estão ocorrendo problemas de tráfego em vista do movimento conjunto de carros e de caminhões. Embora as pistas estejam longe de estar saturadas, o número de acidentes tem aumentado e se pensa em melhorar o aproveitamento das pistas. A prefeitura tem um esquema de mão segundo indicado pelo grafo; as capacidades dos arcos são de 600 veículos por hora (v/h), à exceção do arco adjacente ao sumidouro (traçado grosso) que suporta 1.200 v/h. Os arcos duplos, tracejados, correspondem a trechos de pista com duas faixas seperadas de tráfego, com a capacidade de 600 veículos por hora em cada uma.

A idéia da prefeitura é instituir mão única nestes trechos, considerando em separado os trechos de pista adjacentes ao mesmo vértice (ou seja, há duas estradas a serem examinadas para se ver em que sentido será a mão única, se será introduzida em uma delas, nas duas, ou em nenhuma).

Experimente as diversas opções e especifique qual a melhor solução.

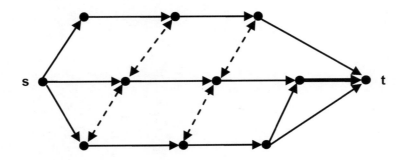

4. Reexamine todo o exemplo do item 7.8 e verifique que a lei de conservação foi respeitada em todos os vértices do caminho.

Grafos: introdução e prática 139

5. No exemplo de fluxo com custo, reconstrua o grafo G final, com o fluxo máximo de custo mínimo, e calcule o seu custo. Observe o corte de capacidade mínima em G.

6. O *problema de alocação linear* (**Capítulos 4 e 5**) pode ser aplicado à escolha de *n* pessoas a serem contratadas para executar *n* serviços, levando-se em conta que a pessoa *i* cobra um preço c_{ij} para executar o serviço *j*, de tal modo que o custo total seja mínimo. Ele pode ser resolvido considerando-se o grafo bipartido **G** = (**P** $\cup$ **S**, **E**), onde **P** = {pessoas}, **S** = {serviços} e onde o arco (p_i, s_j) tem custo c_{ij} e capacidade 1. Adicionam-se então uma fonte fictícia *s* ligada aos vértices de **P** e um sumidouro fictício *t* ligado aos vértices de **S**, todos os novos arcos tendo custo zero e capacidade 1. Um fluxo máximo de custo mínimo fornecerá, então, uma alocação de custo mínimo e o seu valor respectivo.

Experimente, usando os dados abaixo.

	1	2	3	4	5
1	18	11	7	9	13
2	7	4	9	15	14
3	6	12	13	17	18
4	13	10	12	14	17
5	12	9	9	14	14

7. No grafo abaixo, os valores indicados na cópia à esquerda correspondem às capacidades dos arcos e os da cópia à direita aos custos desses arcos. Os limites inferiores são nulos.

Exiba o maior fluxo possível que tenha custo total inferior a 28. Qual o valor do fluxo total e qual o seu custo ?

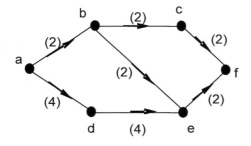
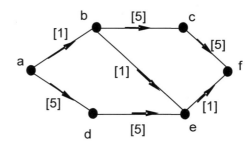

8. Um empresário possuidor de um armazém de produtos a serem entregues a domicílio está preocupado com o número de infrações de excesso de velocidade que seus motoristas têm cometido, desde a instalação de barreiras eletrônicas em alguns trechos de estrada onde eles costumam trafegar.

A sede da empresa fica no local correspondente ao vértice *s* do grafo abaixo e as entregas vão no máximo até a cidade representada por *t*.

Os trechos de estrada têm aproximadamente 20 km, com exceção dos indicados no grafo como tendo 50 km. Nos trechos tracejados há barreiras que limitam a velocidade em 50 km/h e no trecho marcado com ponto-traço esse limite é de 30 km/h, enquanto a velocidade máxima permitida nos demais trechos é de 80 km/h.

Analisando os dados das multas, o empresário chegou à conclusão que um motorista, ao passar em um desses trechos, tem 15% de chances de estar andando depressa demais quando o limite é de 50 km/h e 30% de chances quando o limite é de 30 km/h.

Os negócios da empresa envolvem o uso dos trechos de estrada por 100 veículos/mês e o custo/km de um veículo é de R$ 0,30. As multas por excesso de velocidade têm o valor de R$ 150,00 cada uma.

Verifique se o empresário deve, ou não, ordenar a seus motoristas que passem pelos trechos de 50 km de extensão, de modo a evitar os trechos com controle de velocidade.

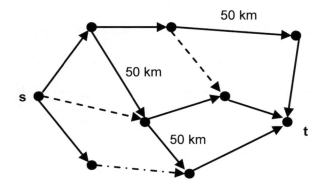

9. Considere o grafo das estradas unindo Rio, São Paulo, Belo Horizonte e Vitória (item 7.9). Agora pense no problema de uma empresa que deve transportar para as demais cidades os *notebooks* que monta em São Paulo. O transporte é feito em vans que carregam 100 máquinas cada, a um custo de R$ 5,00 por quilômetro, aí incluídos o combustível e o pagamento do motorista.

O seguro da carga custa, por máquina, R$ 40,00 na Rio-São Paulo e na Rio-Belo Horizonte, R$ 60,00 na São Paulo-Belo Horizonte e R$ 75,00 na Belo-Horizonte-Vitória e na Rio-Vitória.

Na Rio-São Paulo há 4 pedágios que custam R$ 10,00 cada, por veículo. Na Rio-Belo Horizonte há 3 desses pedágios, ao mesmo custo.

E a empresa faz 15 entregas por mês para o Rio, 10 para Belo Horizonte e 5 para Vitória.

Modifique o grafo adequadamente, para obter o modelo associado ao problema, e determine o fluxo total de custo mínimo e o custo de entrega de uma máquina em cada uma das 3 cidades. (Reflita sobre como considerar as capacidades dos arcos).

Uma primeira estimativa feita pela empresa prevê gastos mensais de R$ 300.000,00 com as entregas.

Esta estimativa está correta ?

10. Reveja a noção de conectividade (**Capítulo 2**), levando em conta o **Teorema 2.1**. Então, dado um par de vértices *v,w* quaisquer em um grafo G *h*-conexo, teremos ao menos *h* caminhos internamente disjuntos entre eles.

Atribuindo capacidade unitária a todos os arcos de G e procurando um fluxo máximo entre *v* e *w*, observe que ele deverá ser pelo menos igual a *h*.

Agora, como escolher pares de vértices para este exame ?

- Você precisará examinar todos eles ?
- Caso contrário, que critério você usaria para escolher um conjunto de pares cujo resultado, pelo processo acima, garanta o valor da conectividade ?
- Procure visualizar a situação nos seguintes grafos, para achar sua conectividade κ:
    - Um caminho com *n* vértices (denotado por P_n);
    - Uma roda R_n com n vértices (veja o **Capítulo 6**, Exercício 8);
    - O grafo exemplo do item 3.3, **Capítulo 3**, sem a valoração;
    - O grafo de Petersen (veja a pág. 92).

Grafos: introdução e prática 141

11. Dado um conjunto X e uma família F de subconjuntos de X, um *sistema de representantes distintos* é um conjunto de elementos de X tal que cada um pertença a um elemento de F.

Vamos considerar que temos 8 atletas formando X = {a, ..., h}, e que a, b e c joguem futebol, c, d e e joguem voleibol, d, f e g joguem tênis e g e h joguem basquete. Por outro lado, a e b torcem pelo clube A, c, d e e pelo clube B e f, g e h pelo clube C.

Queremos escolher uma delegação D ⊂ X de atletas para apresentar um projeto à secretaria de esportes da prefeitura, de modo que haja no mínimo 1 e no máximo 2 torcedores de cada clube.

Monte um grafo no qual X seja uma coluna central de vértices.

O acesso a eles vem de uma fonte s ligada a vértices representando os 4 esportes praticados pelo grupo, cada um deles sendo ligado às pessoas que praticam aquele esporte.

A saída se faz por 3 vértices representando os clubes, recebendo arcos dos vértices de seus adeptos.

Cada um desses 3 vértices é ligado a um vértice auxiliar por um arco de capacidade igual ao limite superior 2 e estes serão ligados ao sumidouro por arcos de capacidade igual ao limite inferior 1.

Além disso, eles terão arcos para um vértice auxiliar (capacidade infinita).

Enfim, este vértice auxiliar terá um arco para o sumidouro, de capacidade igual ao número de esportes (4) subtraido do total dos limites inferiores (assim, o fluxo correspondente à diferença dos dois limites vai passar por este arco).

As capacidades de todos os demais arcos são unitárias.

(Observe que a construção do grafo partindo das instruções dadas é parte do exercício).

Verifique que toda solução para o problema de seleção do conjunto de representantes irá corresponder a um fluxo máximo que sature os arcos que saem da fonte.

Grafos: introdução e prática

> *Carlos amava Dora que amava Lia que amava Léa que amava Paulo*
> *Que amava Juca que amava Dora que amava Carlos...*
> Chico Buarque
> *Flor da idade*

Capítulo 8: Ciclos e aplicações

8.1 Problemas eulerianos em grafos não orientados

Como nas pautas musicais, há momentos em que interessa voltar ao início. Aqui, precisaremos rever o primeiro problema da teoria dos grafos, aquele resolvido por Euler quando de sua visita à cidade de Königsberg.

O grafo associado ao problema é o que está na figura ao lado. Euler verificou que o passeio fechado que desejavam os habitantes da cidade, passando uma vez e uma só em cada ponte, não era possível porque os quatro vértices do grafo tinham grau ímpar. Ele resolveu o problema geral, formulando um teorema.

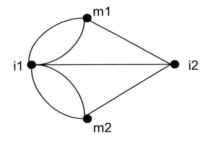

Na verdade, ele provou apenas uma parte do teorema: o "somente se" (existe o percurso fechado, se o grafo for conexo e todos os graus forem pares).

O "se" foi provado, mais de 100 anos depois, por um estudante alemão chamado Hierholzer, que adoeceu e morreu pouco depois disso. Felizmente, o trabalho foi publicado por seu professor de matemática. Antes de apresentar este teorema, convém propor o seguinte lema:

> **Lema 8.1:** Todo p-grafo G = (V,E) conexo no qual se tenha $d(v) \geq 2$ para todo $v \in V$, contém um ciclo.
>
> **Demonstração:** Se p > 1, G possui arestas múltiplas e portanto o teorema fica provado. Senão, basta iniciar um percurso a partir de um vértice qualquer. Todo vértice atingido em seguida, ou está sendo visitado pela primeira vez e poderemos continuar, ou já foi visitado antes e teremos, portanto, percorrido um ciclo. ∎

Um percurso fechado que utilize todas as arestas de um grafo, uma vez e uma só, é chamado um percurso euleriano; um grafo que possua tal percurso é chamado *grafo euleriano*. O teorema de Euler fica assim, nessa linguagem atual:

144   *Capítulo 8: Ciclos e aplicações*

Teorema 8.2 (Euler-Hierholzer): Um grafo G = (V,E) não orientado e conexo possui um ciclo euleriano se e somente se todos os seus vértices tiverem grau par.

Demonstração:

($\Rightarrow$) Seja G = (V,E) euleriano e seja um ciclo euleriano em G. Ao percorrermos esse ciclo a partir de um vértice dado, cada vez que atravessarmos um vértice utilizaremos duas arestas, uma na chegada e outra na saída. Logo o grau de cada vértice deve ser obrigatoriamente par.

($\Leftarrow$) Por indução sobre o número de arestas: o teorema é válido, por vacuidade, quando $m = 0$. Suponhamos que o teorema seja válido para todos os grafos com menos de $q > 0$ arestas. Seja então um grafo G com q arestas, conexo e com todos os graus pares. Pelo Lema 8.1, o grafo possui ao menos um ciclo. Escolhemos então um ciclo C de G com número máximo de arestas. Se C tiver comprimento q, o teorema está provado. Senão, consideremos o grafo H = G – C. É claro que, em H, todos os vértices possuirão grau par. Pelo menos uma das componentes conexas de H terá, portanto, graus pares não nulos. Seja H_o essa componente: sendo um grafo conexo, H_o terá um ciclo, pelo Lema 8.1. Poderemos então adicionar as arestas desse ciclo às de C, obtendo assim um ciclo C' de comprimento maior que C. Mas isso contraria a hipótese de que C tinha comprimento máximo e o teorema, portanto está provado. ■

Obs.: O teorema acima é válido, inclusive, para p-grafos com laços (lembrando que um laço contribui com duas unidades para o grau).

Cabe questionar a razão pela qual ainda se discute este problema, mais de 270 anos depois de sua formulação. Na verdade, se ele servisse apenas para achar passeios em pontes, já estaria há muito esquecido.

No entanto, não é difícil imaginarmos situações atuais nas quais haja interesse em se achar um percurso que passe, por exemplo, pelas ruas de um bairro ou pelos corredores de um prédio, uma vez e uma só em cada um e voltando ao ponto de partida. Problemas de <u>vendas a domicílio</u>, de <u>coleta de lixo</u>, de <u>entrega de correio</u>, de <u>visitas a museus</u> ou a algumas <u>grandes lojas</u>, são desse tipo.

> *E como vamos lidar com um grafo que tenha vértices de grau ímpar ?*

De fato, teremos de procurar uma solução mais geral: não podemos esperar que todos os grafos que apareçam em nossos modelos tenham apenas vértices de graus par. A solução é dada pelo teorema abaixo.

Teorema 8.3: O número mínimo de percursos que particionam o conjunto de arestas de um grafo G = (V,E) não orientado e conexo, com $2k$ vértices de grau ímpar é k ($k \in N - \{0\}$).

Demonstração: Vimos (*Capítulo 2*, *Exercícios*) que o número de vértices de grau ímpar em um grafo é par. Sejam v_1, v_2, ..., v_{2k} os vértices de grau ímpar em G. Acrescentemos a G um total de k arestas, cada uma unindo dois desses vértices, sem repetir nenhum. O grafo G' que resulta é euleriano, pois os vértices assim unidos passaram a ter grau par. Seja C um ciclo euleriano de G': retirando novamente as k arestas acrescentadas teremos k percursos que particionam E(G). Suponhamos por absurdo que E(G) possa ser particionado em menos de k percursos: então poderemos obter um ciclo euleriano acrescentando menos de k arestas. Mas o grafo G' obtido, nesse caso, terá ao menos 2 vértices de grau ímpar e, portanto, não será euleriano. Logo, k é mínimo. ■

Este teorema nos diz que, para unirmos os k percursos parciais, teremos de repetir trechos de itinerário: se o grafo não for euleriano, não há como agir de outra forma. Adiante veremos como *minimizar* essas repetições inevitáveis. Este problema mais geral é conhecido como *Problema do Carteiro Chinês (PCC)*. A solução envolvendo repetições de trechos de itinerário é conhecida como um *percurso pré-euleriano*.

Grafos: introdução e prática   145

Observação 1: Todos os exemplos relacionados com percursos eulerianos estarão incluídos no texto que se segue, após a discussão do PCC. Isto, porque o processamento inicial de um grafo não euleriano visa obter um grafo auxiliar euleriano, ao qual se aplicará a teoria acima.

Observação 2: Se existirem apenas dois vértices de grau ímpar no grafo, ele possuirá ao menos um percurso utilizando todas as arestas, que unirá esses dois vértices. Na literatura, esses percursos são também chamados de *eulerianos* (*abertos*). Alguns autores chamam a esses grafos *unicursais*.

8.2 O Problema do Carteiro Chinês

Em uma situação aplicada se tem, geralmente, um grafo valorado (por distâncias, tempos, custos etc.) e o interesse estará na repetição de itinerários parciais, de modo a gerar um itinerário único, que será um percurso pré-euleriano. Por exemplo, se o problema for de coleta de lixo, será necessário determinar em quais ruas o caminhão deverá passar novamente (sem nova coleta) para retomar seu trabalho mais adiante. Isto pode ser feito transformando-se o grafo original em um grafo euleriano, andando-se ao inverso da prova do teorema. Ou seja, partimos de um grafo não euleriano e colocamos arestas que o tornem euleriano.

Quando o grafo for não orientado e conexo, poderemos fazer o seguinte:

    1. Verificar se G é euleriano; caso positivo, ir para 6.

    2. Determinar o conjunto I de vértices de grau ímpar em G.

    3. Determinar as distâncias d_{ij} para $i, j \in I$, $i < j$ (p. ex., pelo algoritmo de Dijkstra (**Capítulo 3**).

    4. Seja $D(I) = [\,d_{ij}\,]$ a matriz assim obtida. Fazer $d_{ii} = \infty$ e aplicar a D(I) assim modificada o algoritmo húngaro (**Capítulo 5**).

    5. Para cada alocação (k,l) feita pelo algoritmo húngaro, acrescentar ao grafo a aresta (k,l), de valor d_{kl}.

    6. Aplicar um algoritmo de busca de percursos eulerianos.

As etapas de 2 a 5 transformam o grafo original em um grafo euleriano: as arestas acrescentadas correspondem às repetições de percursos mínimos necessárias (o algoritmo húngaro garante essa minimalidade), mas ainda teremos que encontrar um ciclo euleriano no novo grafo. Para isso, podemos utilizar o *algoritmo de Fleury*, que mostramos aqui de maneira informal. Ele consiste na repetição do processo:

1. se o vértice vigente atingiu grau 1, sair dele pela sua única aresta; senão, escolher uma aresta cuja remoção não separe o ponto onde o percurso se encontra, de um subgrafo que possua arestas ainda não percorridas;

2. apagar a aresta utilizada do grafo vigente.

Exemplo: seja G o grafo ao lado.

Ele não é euleriano, visto que tem 4 vértices de grau ímpar. Aplicando (a todo o grafo) o algoritmo de Dijkstra, obteremos as distâncias entre os pares de vértices de grau ímpar, que estão expressas pelos elementos da matriz abaixo (Verifique, observando que, em um grafo qualquer, um dos caminhos mais curtos pode passar por um vértice de grau par. Daí a importância de trabalhar com todo o grafo).

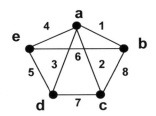

	b	c	d	e
b	∞	3	4	5
c	3	∞	5	6
d	4	5	∞	5
e	5	6	5	∞

Aplicando o algoritmo húngaro, obtemos a alocação de custo mínimo (*b,c*) e (*d,e*), de custo total 8. (Verifique !)

No grafo abaixo, que é euleriano, essas alocações estão indicadas por arestas adicionais (fictícias), que representam, de fato, as repetições dos percursos (*b,c*) e (*d,e*).

Esta adição de arestas pode levar a um **2-grafo** (como neste exemplo), se os pares selecionados já forem adjacentes, o que deve ser considerado ao se programar a técnica.

O custo total do percurso é, portanto, igual ao custo inicial (1 + 2 + 3 + 4 + 8 + 6 + 7 + 5) somado a (3 + 5) = 44 unidades. Observe que a aresta fictícia (b,c) corresponde ao percurso (b,a,c), de comprimento 3, enquanto a aresta (d,e) é uma repetição da (d,e) já existente.

Falta apenas achar um percurso euleriano no grafo assim modificado.

Uma possível sequência de remoção, começando no vértice a, está indicada na figura abaixo.

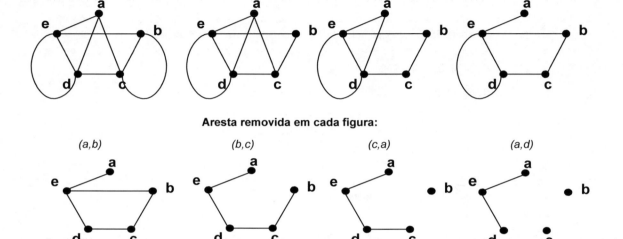

Ao fim da quinta etapa, o percurso está em e.

Se a escolha seguinte fosse (e,a), o vértice a seria isolado do grafo formado pelas arestas ainda não percorridas que unem os demais vértices. O percurso não poderia, portanto, ser completado.

(Deixou de ser representada a remoção das duas últimas arestas, (d,e) e (e,a)). O ciclo obtido é (a,b,c,a,d,e,<u>b,c</u>,d,e,a).

Mas, atenção ! O carteiro deve passar <u>de fato</u> por todas as arestas do grafo original (ninguém pode ficar sem a correspondência).

As arestas acrescentadas, entretanto, servem apenas para "eulerizar" o grafo.

Isto quer dizer que elas representam o *menor* percurso.

No caso da aresta (b,c) (valor 8 unidades), na repetição teremos o percurso (b,a,c) com valor de 3 unidades, mas qual aresta será usada na <u>primeira passagem</u> depende da programação adotada. Aqui, foi a aresta original.

Nosso percurso será, portanto, (a,b,c,a,d,e,**b,a,c**,d,e,a). No caso de (d,e) não há substituição, porque a aresta já é o menor caminho entre esses vértices.

8.3 Problemas eulerianos em grafos orientados

Vimos que muitos problemas aplicados, referentes a percursos de atendimento a domicílio em cidades, podem ser resolvidos pela busca de percursos eulerianos de valor mínimo.

Grafos: introdução e prática 147

A limitação anterior a grafos não orientados, porém, nos trouxe até o momento a possibilidade da resolução de tais problemas nos casos em que o agente do serviço se desloca a pé, ou em alguma área na qual não existam ruas de mão única. Este último caso é, naturalmente, bastante incomum nas grandes cidades.

Convém portanto procurar adaptar as técnicas já vistas para o caso em que o modelo do nosso problema seja um grafo orientado. Podemos fazer isso através de uma definição, que nos permitirá enunciar teoremas semelhantes aos que acabamos de encontrar.

Dizemos que um grafo orientado G = (V,E) é *pseudossimétrico*, se para todo vértice $v \in V$ se tiver

$$d^+(v) = d^-(v).$$

O significado desta propriedade é imediato: em um grafo pseudossimétrico, a cada **entrada** em um vértice deve corresponder uma **saída**.

Então poderemos enunciar:

Teorema 8.4: Um grafo orientado conexo admite um circuito euleriano se e somente se for pseudossimétrico.

Demonstração: Semelhante à do teorema de Euler, porém trabalhando com caminhos. ■

Observação: Todo grafo simétrico é pseudossimétrico, mas a recíproca não é verdadeira. Por outro lado, todo grafo simétrico corresponde a um grafo não orientado; logo, o teorema de Euler (ver o **item 8.1**) pode ser visto como um corolário deste último teorema.

Ao procurarmos entender o que se passa quando um grafo não é pseudossimétrico, encontraremos diferenças entre os semigraus de entrada e de saída de um mesmo vértice.

Há então interesse em se definir um conjunto **S** de vértices que apresentem a diferença $d^+(v) - d^-(v)$ positiva e outro conjunto **T** para os vértices do qual essa diferença será negativa.

Tal como no caso não orientado, teremos que adicionar ligações (neste caso, arcos): estas ligações terão início em vértices de **S** (que tem menos saídas que entradas) e se dirigirão a vértices de **T** (que tem menos entradas que saídas). O que procuramos com isso é obter um grafo pseudossimétrico ao menor custo possível.

Então podemos enunciar o seguinte teorema:

Teorema 8.5: Em um grafo orientado conexo não pseudossimétrico, o número mínimo de caminhos que particionam o conjunto de arcos é igual a

$$k = \sum_{v \in S}(d^+(v) - d^-(v)) = \sum_{v \in T}(d^-(v) - d^+(v))$$

Demostração: Basta expressar a soma dos semigraus de entrada e de saída dos vértices, em parcelas referentes aos subconjuntos **S**, **T** e **V** − (**S** ∪ **T**), e subtrair uma expressão da outra. ■

Este valor *k* é conhecido na literatura como a *irregularidade* de um grafo orientado.

De posse deste teorema, não é difícil montar um grafo auxiliar contendo arcos que *representem* as repetições de percursos (aqui, esses percursos são caminhos).

Observação 1: No caso não orientado, cada vértice de grau ímpar recebe uma única extremidade de aresta, visto que o seu grau se torna par. Isso é suficiente, uma vez que a paridade seja estabelecida em todos os vértices, para que o novo grafo seja euleriano.

148   *Capítulo 8: Ciclos e aplicações*

Se o grafo for orientado, porém, pode acontecer que a diferença dos semigraus para um ou mais vértices seja maior do que 1: neste caso, para igualar o semigrau de um vértice dado teremos de adicionar mais de uma extremidade de arco.

Observação 2: O caso orientado envolve uma dificuldade, que aparece quando existem arcos simétricos (que correspondem, por exemplo, a trechos de ruas de mão dupla).

No caso não orientado, a passagem por uma aresta a inabilita para nova passagem; logo, ao final se terão percorrido as m arestas e o itinerário se fecha, tendo-se percorrido um ciclo euleriano.

Já em grafos orientados, caso existam arcos nos dois sentidos, o uso de um deles não impedirá um algoritmo de busca de considerar mais adiante o outro para uso, tal como o exige a própria lógica do problema.

Teremos então uma nova passagem sugerida pelo algoritmo, às vezes bem mais adiante, na ordem do itinerário, da primeira passagem.

Agora, pense no percurso de um caminhão de lixo. A sua equipe vai querer, naturalmente, remover o lixo dos dois lados de uma rua, não importando a mão pela qual o caminhão entrou.

Uma solução com nova passagem mais tarde não servirá para eles, será um retorno inútil (a não ser que se trate de uma avenida larga, com duas pistas, jardim no meio etc.).

Esta situação vai aparecer para cada par de arcos simétricos.

Suponhamos que haja r desses pares e que tenhamos de escolher s deles para passagem em uma direção dada, a outra não sendo usada.

A priori, não sabemos o valor de s: então, a contagem das possibilidades, para cada s, corresponde a $C_{r,s}$. Somando esses valores sobre s, como sabemos, obteremos uma potência de 2: logo, o problema passa a ser de complexidade exponencial (é claro que podemos fazer nossas escolhas, mas isso exigiria uma intervenção no algoritmo).

Este problema é conhecido na literatura como o *problema pré-euleriano em grafos mistos*: nele, cada par corresponderá, na verdade, a uma aresta, porque se deseja percorrê-lo em apenas um sentido, inabilitando uma segunda passagem.

Uma aplicação do ciclos eulerianos no caso orientado – Sequência de De Bruijin

Uma seqüência de De Bruijn B(r,s) (o nome é devido ao matemático holandês Nicolaas Govert de Bruijn, (1918-), é na verdade um <u>ciclo</u> que contém todas as subseqüências de tamanho r usando um alfabeto com s símbolos.

> Por exemplo, uma seqüência (cíclica) B(2,2) terá que conter todas as subseqüências de comprimento 2 combinando os 2 símbolos 0 e 1.

> Essas subseqüências são 00, 01, 10, 11. Uma seqüência (cíclica) B(2,2) seria 0011. Observe que a subseqüência 10 é obtida ligando o 1 do final da seqüência ao 0 do início.

> Se quiséssemos obter uma seqüência (cíclica) B(3,2) seria 00010111. Verifique a presença das 8 subseqüências possíveis com 3 símbolos 0 ou 1.

Como obter uma seqüência de De Bruijn ? Vamos mostrar como foi obtida a seqüência B(3,2) acima, usando algoritmos de ciclos eulerianos. Primeiramente listamos todas as subseqüências com r - 1 símbolos 0 ou 1; elas serão nossos vértices. Dois vértices serão ligados se ao retirarmos o <u>primeiro</u> símbolo da origem e o <u>último</u> símbolo do destino obtivermos a mesma subseqüência com r - 2 símbolos. Note que esta construção inclui laços. No nosso caso:

Grafos: introdução e prática 149

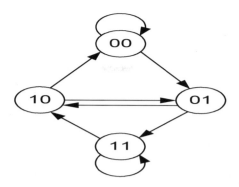

Pela definição vemos que o número de entradas e saídas será sempre igual, logo o teorema de Euler se aplica. Podemos construir o circuito:

00 - 00 - 01 - 10 - 01 -11 - 11 - 10 - 00

Cortando os segundos simbolos de cada par obtemos:

00010111(0)

Observe que o último 0 é supérfluo. Observe também que como habitualmente há mais de um circuito euleriano, haverá mais de uma seqüência cíclica de De Bruijn.

As sequências de De Bruijn são utilizadas em computação (geração de números pseudo-aleatórios) e em genética, na reconstrução de sequências de DNA.

8.4 Exemplos completos

8.4.1 O caso não orientado

Vimos, ao nível teórico, um exemplo do PCC não orientado. Agora vamos examinar um exemplo aplicado completo.

Vamos pensar no problema do prefeito de uma cidadezinha do interior, que precisa refazer a demarcação das estradas municipais asfaltadas. Para isso, o pessoal da secretaria de obras vai utilizar uma máquina que pinta, de cada vez, uma das 3 faixas (uma central e duas laterais). É claro que vai interessar a eles saber como minimizar a passagem por áreas já pintadas, ao iniciarem o serviço por uma dada faixa. Para simplificar, iremos discutir como lidar com a primeira delas, que pode ser por exemplo a faixa central.

Veja o esquema ao lado, que corresponde ao grafo representativo das estradas (note que o cruzamento do centro não tem vértice: trata-se de um viaduto). As distâncias estão em metros.

Os vértices de grau ímpar receberam a numeração mais alta. Aplicando-se o algoritmo de Dijkstra (*Capítulo 3*) aos vértices de grau ímpar, obtemos a seguinte submatriz a ser submetida ao algorítmo húngaro:

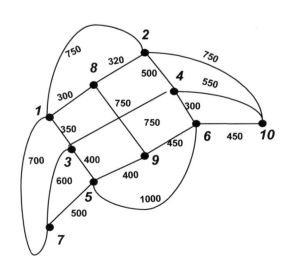

Vért.	7	8	9	10
7	∞	1000	900	1800
8	1000	∞	750	1070
9	900	750	∞	900
10	1800	1070	900	∞

O algorítmo húngaro fornece então a alocação (7,8) e (9,10) com custo mínimo de 1900 metros. O vetor "Anterior" do algoritmo indica para (7,8) o itinerário (7,1,8) e, para (9,10), (9,6,10). (**Verifique !**)

Para obter um itinerário, pode-se usar o algorítmo de Fleury, como descrito mais acima.

Observação 1: Com 4 vértices de grau ímpar, este cálculo pode ser feito por inspeção da matriz. Há apenas 3 possibilidades (verifique que as outras duas fornecem custos de 1970 e 2550 metros).

O número de possibilidades cresce, porém, exponencialmente: com 6 vértices de grau ímpar haverá 15 comparações a fazer e, com 12 desses vértices, 10.395 delas.

Observação 2: Ao usar o algorítmo de Fleury pode-se trabalhar, seja com uma versão automática, seja com uma que forneça a cada iteração as possibilidades de continuação do percurso, para que o usuário escolha uma de sua preferência.

Isto pode ser muito útil na prática, por motivos operacionais que o modelo não teria como cobrir. Como exemplo, podemos imaginar que, neste exemplo, a pintura vá chegar a um cruzamento importante no final da quinta-feira, e que a partir da manhã do dia seguinte se preveja grande movimento de turistas.

Então se poderia dar preferência a continuar o trabalho em uma estrada de menor movimento e deixar para o início da semana seguinte os trechos de grande movimento.

Observação 3: Pode-se argumentar que, ao pintar as faixas laterais, a máquina teria de andar na mão do lado da estrada em que está trabalhando e que o problema, portanto, deveria ser orientado.

Não há, porém, qualquer vantagem em considerá-lo assim, visto que trechos de estrada podem sempre ser modelados por arestas, a não ser quando se tem trajetos diferentes para um sentido e para o outro (o que se usa às vezes em trechos de montanha de estradas importantes, por falta de espaço).

8.4.2 O caso orientado

Com a teoria e a prática já vistas, passaremos diretamente a um exemplo do caso orientado. Vamos então voltar ao percurso do caminhão de lixo, em um trecho de um bairro onde existam apenas ruas de mão única. O grafo correspondente está esquematizado em seguida, as distâncias sendo medidas em metros.

Aplicando também o algorítmo de Dijkstra, obtemos a matriz de distâncias entre os vértices de S e de T, que são

S = {4, 9, 11, 14}, e T = {2, 6, 8, 15}.

A matriz, com algumas mudanças descritas a seguir, se encontra mais abaixo.

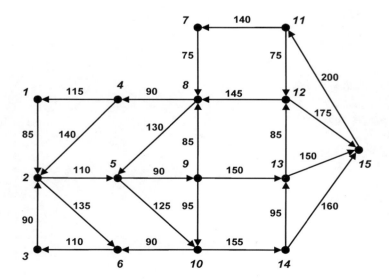

O seu conteúdo envolve as *linhas* correspondentes aos vértices de **T** e as *colunas* associadas aos vértices de **S**, visto que **T** tem menos saídas e **S**, menos entradas. Então as posições escolhidas serão de arcos (de novo, correspondentes a repetições de caminhos) de **T** para **S**.

Há, ainda, um detalhe: como discutimos, no caso não orientado cada vértice de grau ímpar recebe uma aresta, que o torna de grau par e o teorema de Euler fica satisfeito.

Grafos: introdução e prática								151

Aqui, o número de arcos novos que incidirão em um vértice depende da sua diferença (mais entradas, ou mais saídas), de modo que ela seja equilibrada e se possa obter um grafo pseudossimétrico. (Fica claro que todos os arcos novos incidentes em um vértice dado serão, ou de entrada, ou de saída.)

O número total de arcos novos será igual à irregularidade k do grafo, como visto acima (que é a soma das diferenças em **S**, ou em **T**). Para atender à possível criação de um p-grafo orientado, usam-se linhas e/ou colunas adicionais.

Então o número de linhas (colunas) associado a um vértice de **T** (de **S**) será igual à sua diferença entre saídas e entradas, em valor absoluto. No exemplo, o vértice 15, de **T**, tem diferença 2 e receberá 2 linhas da matriz.

Da mesma forma o vértice 9, de **S**, tendo diferença 2, receberá 2 colunas da matriz. A matriz final a ser submetida ao algorítmo húngaro será, então, de ordem 5, que é o valor de k. A nova matriz será sempre quadrada, de ordem k.

As duas cópias das linhas e colunas a que nos referimos estão marcadas com asteriscos.

Aplicando o algorítmo húngaro, obteremos a alocação

$$(2,9); (6,9^*); (8,4); (15,11); (15^*,14)$$

indicada na matriz em negrito itálico.

	4	9	9*	11	14
2	375	***200***	200	700	390
6	575	400	***400***	900	590
8	***90***	220	220	720	410
15	505	635	635	***200***	825
15*	505	635	635	200	***825***

O custo total é de 1715 metros. Os caminhos de repetição respectivos, obtidos dos vetores "Anterior" de roteamento do algorítmo de Dijkstra (também não mostrados aqui), são (2,5,9), (6,3,2,5,9), (8,4), (15,11) e finalmente (15,11,7,8,5,10,14).

Observação: Pode parecer estranho que se tenha de repetir caminhos tão longos com os de 6 a 9 e de 15 a 14 – mas se observarmos como se implanta a mão única em alguns bairros de nossas cidades, vai dar para entender...

Para finalizar, o algorítmo de Fleury (com ou sem intervenção do operador) permitirá o planejamento do percurso completo do caminhão.

8.5 Problemas hamiltonianos

8.5.1 Discussão inicial

Os percursos eulerianos são *abrangentes*, no sentido em que utilizam todo o conjunto de *ligações* do grafo. Esta idéia nos leva, facilmente, a pensar em percursos abrangentes em relação aos vértices, o que nos daria, tal como no primeiro caso, problemas bem caracterizados e fáceis de resolver. Certo ?

Errado ! Sem dúvida, não é difícil caracterizar um problema de percurso abrangente em relação aos vértices em um grafo. Difícil, porém, é resolvê-lo !

> *Mas você definiu um problema para as arestas, ou arcos: não é a mesma coisa ?*

Infelizmente, não. Vimos que existe uma condição necessária e suficiente para a existência de um ciclo (e também de um circuito) euleriano em um grafo. Em ambos os casos estudados, as sequências de graus (ou de semigraus, no caso orientado) do grafo resolvem o problema.

Para um percurso abrangente em relação aos vértices – um *percurso hamiltoniano* – não se conhece, até hoje, uma condição necessária e suficiente de existência. Alguns autores, inclusive, duvidam da possibilidade dela ser encontrada. Antes de prosseguir, vamos formalizar essa definição:

Definição: Um grafo *hamiltoniano* é um grafo que possui um percurso abrangente em relação aos vértices, fechado e que não repita nenhum vértice.

As duas classes de problemas, aparentemente tão semelhantes, são completamente distintas e independentes uma da outra, no sentido em que se podem achar exemplos de grafos que possuam as duas propriedades (ser euleriano e hamiltoniano), apenas uma delas, ou nenhuma das duas.

Vamos então observar os grafos representados na figura abaixo. Embora sejam grafos de ordem pequena (de 4 a 6), já podemos observar neles a diferença entre os dois tipos de problema. Aqui, representamos por E ($\overline{E}$) a propriedade de um grafo ser (não ser) euleriano, e por H ($\overline{H}$) a propriedade dele ser (não ser) hamiltoniano.

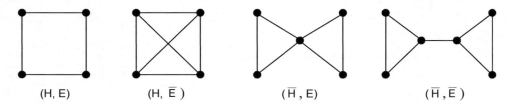

Fica claro que todos os ciclos C_n possuem as mesmas propriedades do C_4 mostrado acima; por outro lado, todos os grafos completos serão, obviamente, hamiltonianos, visto que se pode escolher, a partir de um dado vértice, qualquer outro vértice ainda não atingido pelo percurso. No entanto, apenas os de ordem ímpar (logo, grau par) serão também eulerianos.

Existem grafos que possuem percursos hamiltonianos <u>abertos</u>: estes, porém, não são chamados de hamiltonianos. Um ponto interessante a observar é que, se for possível ir escolhendo nosso percurso sem repetição, de vértice em vértice, porém sem fechá-lo (caso o fechamento seja possível) teremos construído uma *permutação* dos índices dos vértices.

Isto já nos dá uma idéia da complexidade do problema, visto que o número de permutações de *n* elementos é *n!*, que é uma grandeza de ordem exponencial em relação a *n*.

Pode-se argumentar que um ciclo euleriano é, por seu lado, uma permutação dos índices das arestas, mas neste caso temos um teorema de existência – e, no caso hamiltoniano, isso nunca foi encontrado. Portanto, nada temos que nos guie na formulação de um algorítmo polinomial para resolver o problema, ao contrário do problema do ciclo euleriano.

Um ponto interessante a observar é que, se um grafo for hamiltoniano, ele possuirá ao menos um ciclo C_n. Então podemos pensar em construir o seu esquema a partir desse ciclo, completando o esquema com as arestas que faltarem, conforme mostra a figura:

As arestas que não fazem parte do ciclo hamiltoniano, na terceira figura, estão representadas em pontilhado: são as que ficam dentro do ciclo, na segunda figura. Daí se pode concluir que todo grafo hamiltoniano será isomorfo a um grafo assim construído e que, portanto, todo grafo hamiltoniano é 2-conexo (porque C_n o é).

Esta última conclusão é necessária, porém não suficiente, visto que um grafo 2-conexo pode não ser hamiltoniano, como o chamado *θ-grafo*:

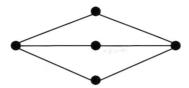

Enfim, o nome desses percursos vem do estudo feito por Hamilton, matemático inglês do século XIX, sobre o grafo H, representativo do dodecaedro: ele mostrou que, nesse grafo, existia um percurso fechado utilizando cada vértice uma única vez (e fez, com isso, um jogo que foi vendido na época, porém sem grande sucesso).

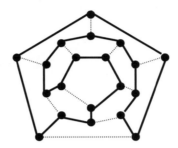

8.5.2 Dois teoremas que examinam a estrutura

Teorema (sem numeração): O grafo H de Hamilton é hamiltoniano.

Demonstração: Como H é 3-regular (veja o *Capítulo 2*), a partida de um vértice pode se dar por duas arestas (visto que se chegou lá por uma terceira) e se pode decidir entre a aresta <u>direita</u> e a <u>esquerda</u>, em relação à aresta de chegada. Então definimos um *produto de passagens* à esquerda e à direita (p. ex., uma passagem à esquerda e duas à direita se designam por ed^2). Indicaremos o valor do produto por 1 quando se tiver encontrado um ciclo: p. ex., $d^5 = 1$, já que se percorreu um ciclo voltando ao ponto de partida. Finalmente, se pode mostrar (por exemplo) que, iniciando no vértice (*) e descendo, se tem $e^3d^3edede^3d^3eded = 1$ e que nenhum produto parcial deste produto vale 1 (uma razão para isso – mas não a única – é que o grafo não possui ciclos de comprimento 3 e a maior "potência" que aparece é 3). Logo, o ciclo é hamiltoniano. Verifique a sequência na figura. (Observe, também, que é possível intercambiar o sentido das passagens e que, enfim, o número de passagens em um sentido é igual ao número de passagens no outro). ■

Para comparação, apresentamos agora uma prova de *não-hamiltonicidade* (hamiltonicidade é a propriedade de um grafo ser hamiltoniano).

Teorema (sem numeração): O grafo P de Petersen não é hamiltoniano.

Demonstração: <u>Por absurdo</u>: suponhamos que P <u>seja</u> hamiltoniano e que C seja um ciclo hamiltoniano em P.

O ciclo C terá <u>duas arestas incidentes</u> em cada vértice. Como P é 3-regular, cada vértice tem <u>uma aresta incidente</u> que <u>não pertence</u> a C.

Vamos indexar os vértices de acordo com a <u>Figura 1</u> e representar as arestas por pares ij de vértices. Então o pentágono exterior na <u>Figura 1</u> é (12,29,97,70,01). Pelo que observamos acima, <u>não podem existir</u> nele duas arestas <u>adjacentes</u> <u>não pertencentes</u> a C. Então C pode ter 3 ou 4 arestas nele. Sem perda de generalidade, podemos dizer que se terá (12,29,70) ou (01,12,29,97) (Figuras 1 e 4).

1. (12,29,70) ⊂ C (<u>Figura 1</u>). Então: 01, 23 e 79 <u>não podem estar</u> em C (<u>Figura 2</u>);

   Para contornar essas arestas, 04, 15, 89, 67, 34 e 36 <u>terão de estar</u> em C (<u>Figura 3</u>).

Porém esta obrigatoriedade resulta em um ciclo menor, (04,43,36,67,70): **contradição**.

2. (01,12,29,97) ⊂ C (Figura 4). Então: 07, 15, 23 e 89 não podem estar em C. (Figura 5).

Para contornar essas arestas, 04, 67, 56, 58, 34 e 36 terão de estar em C (Figura 6).

Porém desta obrigatoriedade resulta que as três arestas incidentes no vértice 6 (67, 56 e 36) teriam que fazer parte de C, o que é impossível: **contradição**.

Logo, P não é hamiltoniano. ∎

Nas figuras, as arestas que não podem estar em C possuem no meio um trecho mais fino.

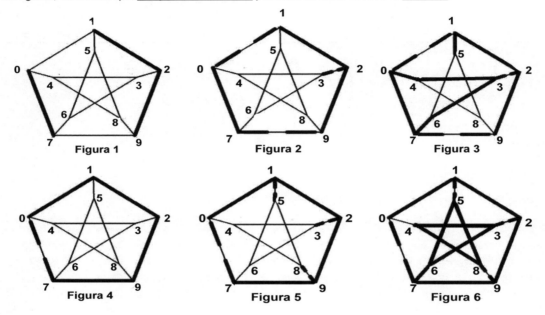

8.5.3 Alguns teoremas úteis

A grande dificuldade está, como vimos, na falta de uma condição necessária e suficiente de existência para um percurso hamiltoniano. Vamos pensar, de início, em grafos não orientados: então, deveria existir um teorema que nos garantisse a presença de um ciclo hamiltoniano em um grafo.

Na falta de tal teorema, o que se tem feito é procurar obter condições que sejam apenas *suficientes* – ou seja, que garantam a existência de um ciclo hamiltoniano em um grafo que as satisfaça, porém sem nada garantir se isso não ocorrer (então, o grafo poderá, ou não, ser hamiltoniano).

Um grafo completo K_n será hamiltoniano para qualquer n, pelas razões já discutidas. Entendemos que será mais fácil que um grafo com muitas arestas seja hamiltoniano: mas, qual seria o critério para limitar isso ?

Há dois teoremas que usam a noção de grau, com essa finalidade. Vamos apresentá-los aqui sem demonstrá-los: demonstrações neste campo são, em geral, complicadas.

Teorema 8.6 (Dirac): Um grafo no qual se tenha $d(v) \geq n/2$ para todo $v \in V$ é hamiltoniano. ∎

Teorema 8.7 (Ore): Um grafo no qual se tenha $d(v) + d(w) \geq n$, para todo par v, w de vértices não adjacentes, é hamiltoniano. ∎

Este último teorema serve de base a um terceiro que é, provavelmente, o mais forte dos teoremas gerais de condições suficientes. Para enunciá-lo, precisamos de uma nova noção, a de fecho hamiltoniano.

Grafos: introdução e prática 155

Definição: O *fecho hamiltoniano* Φ(G) de um grafo G é o grafo obtido ao final de uma sequência de adições sucessivas de arestas a todo par v, w | d(v) + d(w) ≥ n, onde v e w são não adjacentes e d(v) e d(w) são graus vigentes, na sequência de grafos assim obtida.

Teorema 8.8 (Bondy e Chvátal): Se Φ(G) = K_n, então G será hamilltoniano. ■

Observe nos grafos abaixo a construção progressiva do fecho:

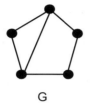 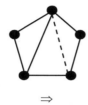   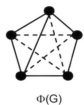

G ⇒ ⇒ ⇒ Φ(G)

Uma versão modificada deste teorema afirma:

Teorema 8.9: Um grafo G será hamilltoniano se e somente se Φ(G) for hamiltoniano. ■

Em princípio, o fecho hamiltoniano terá tantas arestas, ou mais, que o grafo correspondente. Quanto mais arestas tiver um grafo, mais provavelmente ele será hamiltoniano. Porém experimente aplicar essa noção ao ciclo C_5 !

Observe, ainda, os quatro grafos adiante. Verifique, imediatamente, que todos eles são hamiltonianos.

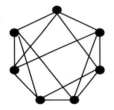  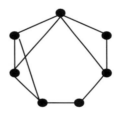 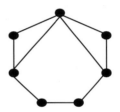

Verifique que o primeiro grafo satisfaz o teorema de Dirac.

Verifique que o segundo grafo satisfaz o teorema de Ore, mas não o de Dirac.

Verifique que o terceiro grafo satisfaz o teorema de Bondy-Chvátal, mas não os de Dirac e Ore.

E o que você pode concluir do quarto grafo ?

Observe, ainda, que o Teorema 8.9 economiza trabalho: você pode parar o processo de construção do fecho assim que o grafo obtido satisfaça, por exemplo, o teorema de Ore.

O Teorema 8.9 envolve uma condição necessária e suficiente. Apenas, ela relaciona o grafo com o seu fecho, o que nos deixa o problema de saber se o fecho é, ou não, hamiltoniano. Logo, não se pode dizer que o problema tenha sido resolvido !

Para completar esta seção, um resultado fácil de provar:

Teorema 8.10: Se α(G) > n/2 (onde α(G) é o número de independência), G não é hamiltoniano.

Demonstração: Dois vértices de um conjunto independente somente podem fazer parte de um mesmo percurso se houver ao menos um vértice intermediário que, então, deverá ser vizinho de ambos. Se o grafo possuir um conjunto independente com mais de n/2 vértices, não haverá vértices intermediários em número suficiente para que um percurso fechado possa existir. ■

Exemplo: Observe, no grafo abaixo, que os vértices brancos formam um conjunto independente e que não há vértices pretos suficientes para formar o ciclo. O grafo não é hamiltoniano.

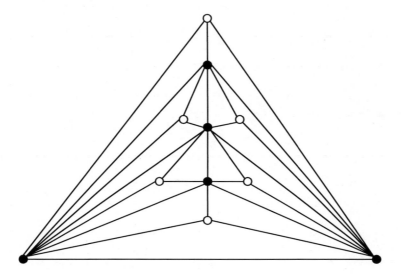

8.6 O Problema do Caixeiro-Viajante

8.6.1 Discussão inicial

Este problema é uma aplicação da noção de ciclo hamiltoniano. Suponhamos que um representante comercial more em uma cidade do interior e que a sua "praça", o conjunto de municípios onde ele atua (inclusive aquele onde ele mora), tenha n cidades ao todo. Ele deve visitar todas essas cidades uma vez a cada período dado (por exemplo, de 2 meses) e procura saber qual o modo mais econômico de fazer isso, em relação às despesas das viagens.

Podemos representar o problema por um grafo completo valorado, onde cada aresta representa a viagem entre as duas cidades correspondentes aos vértices, com o valor correspondente ao custo desse trecho (Note que uma dessas viagens pode passar por outra cidade da "praça", mas isso em nada influi nos dados de custo). Qualquer ciclo hamiltoniano do grafo será uma solução, mas uma solução ótima corresponderá ao valor mínimo dentre os valores desses ciclos.

É claro que se trata de um problema de complexidade exponencial, pelo que já discutimos sobre a relação entre ciclos hamiltonianos e permutações de vértices. Os algoritmos exatos têm limitações, portanto (embora já se tenha chegado a resolver exatamente, com algoritmos bastante complicados, problemas de ordem até 50.000). Não os discutiremos aqui, preferindo apresentar uma heurística. Em um grafo completo de ordem n, teremos $(n-1)!$ soluções (visto que as n permutações circulares de uma dada permutação possuem o mesmo valor e que as que nos interessam partem sempre de um dado vértice).

Antes de discutir a heurística, porém, há um ponto interessante a destacar.

Consideremos um grafo G, de ordem n, e o grafo completo K_n. Vamos então valorar as arestas de K_n por valores $\lambda(v,w)$, da seguinte forma:

Se $(v,w) \in E(G)$, então $\lambda(v,w) = 1$;

Se $(v,w) \notin E(G)$, então $\lambda(v,w) = 2$.

Vamos agora procurar um ciclo hamiltoniano de valor mínimo em K_n.

Se o valor dele for n, ele será formado por n arestas associadas às arestas de G e este, portanto, será hamiltoniano.

Porém, se o valor dele for maior do que n, então ele conterá ao menos uma aresta que não figura em G e, portanto, G não será hamiltoniano, visto que foi necessária ao menos uma aresta adicional para completar um ciclo hamiltoniano.

Portanto, o problema do caixeiro-viajante é equivalente ao problema da busca de um ciclo hamiltoniano em um grafo qualquer. Isto significa que poderemos sempre usar um algoritmo, seja exato ou heurístico, para procurar uma solução para qualquer dos dois problemas.

Aqui aparece outra questão interessante: os valores atribuidos aos arcos não podem ser arbitrários, ou se poderá obter um percurso *pré-hamiltoniano* (ou seja, que repita algum vértice) de custo menor que o de um percurso hamiltoniano. Observe a figura abaixo.

Neste grafo, o percurso fechado de menor custo tem valor 60, enquanto o ciclo hamiltoniano (que usa a aresta de valor 100) tem valor 140.

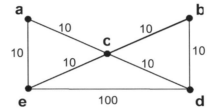

A modelagem do problema poderia, se convenientemente feita, acrescentar uma aresta (a,b) ao grafo (a qual corresponderia de fato a um percurso (a,c,b)). De qualquer forma, se a desigualdade triangular $c_{ij} \leq c_{ik} + c_{kj}$ se verificar para todas as triplas de custos de arestas, esta dificuldade não ocorrerá. Observe o valor de (d,e) e a soma dos valores de (c,d) e (c,e) !

8.6.2 Uma heurística

A estratégia mais imediata que pode ocorrer a quem se defrontar com a matriz de valores de um grafo e queira, a partir dela, achar um ciclo ou circuito hamiltoniano, é começar por um vértice que tenha a ligação de menor valor e ir escolhendo as seguintes pelo mesmo critério (a chamada *estratégia gulosa*).

Vimos que ela funciona na determinação das árvores parciais de custo mínimo (**Capítulo 4**), onde o algoritmo de Kruskal, que a segue, fornece a solução ótima para o problema.

No entanto, esta boa performance é muito mais exceção do que regra: no caso dos percursos hamiltonianos, ela pode fracassar redondamente, como podemos ver no seguinte exemplo:

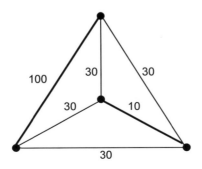

Uma estratégia gulosa nos leva a escolher em primeiro lugar a aresta de custo 10. Depois disso, nada poderá impedir que o ciclo final tenha custo 10 + 30 + 100 + 30 = 170 (*Verifique !*). Não escolhendo inicialmente aquela aresta, poderemos obter um ciclo formado pelas 4 arestas de custo 30, com custo total 120.

Este fracasso nos leva a procurar técnicas melhores. Dentre as diversas heurísticas disponíveis apresentaremos aqui, a título de exemplo, o algoritmo conhecido como FITSP (de *Farthest Insertion for Traveling Salesman Problem: Inserção mais Distante para o Problema do Caixeiro-Viajante*). Ele é uma *heurística de inserção*, ou seja, uma estratégia baseada no crescimento progressivo de um ciclo, pela inserção de vértices.

O critério para seleção do vértice a ser inserido determina a heurística: no caso do FITSP, procura-se o vértice *mais distante* do circuito já construído até o momento (sendo essa distância medida a partir do vértice do circuito que esteja *mais próximo* ao novo vértice). Escolhido assim um vértice $r \in V$, procura-se o par de vértices i,j do circuito entre os quais ele será inserido, através da minimização do custo

$$c_{ij} = v_{ir} + v_{rj} - v_{ij}.$$

Isto equivale a substituir um arco (i,j) por dois arcos (i,r) e (r,j), incluindo assim r no circuito.

O funcionamento da heurística, em uma dada iteração, pode ser representado pela figura abaixo.

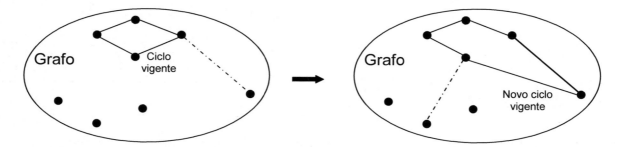

Esta heurística permite o trabalho com grafos orientados e não orientados (observe que, como trabalhamos sempre com grafos completos, a orientação significa que para algum par v,w de vértices teremos custos diferentes nos dois sentidos, ou seja, $v_{vw} \neq v_{wv}$),

Exemplo:

0	8	16	9
6	0	5	7
10	4	0	8
13	11	5	0

Inicializamos o circuito com {1} e determinamos as distâncias dele aos demais vértices. Vamos usar um vetor ***dist*** para guardar esses valores. No primeiro momento, o seu conteúdo é o da linha 1 da matriz.

$$\text{dist} = (0,8,\mathbf{16},9)$$

Vamos usar outro vetor ***circ*** para guardar a sequência que forma o circuito. No momento, temos apenas

$$\text{circ} = (1,0,0,0)$$

(Veja abaixo a discussão sobre a leitura de ***circ***).

O vértice 3 é o mais distante do circuito vigente. O novo circuito será então (1,3,1), de custo 16 + 10 = 26 e 3 vai entrar na posição 1 em ***circ***:

$$\text{circ} = (3,0,1,0)$$

Grafos: introdução e prática

Agora reexaminamos o vetor **dist**, lembrando que ele é preenchido com os <u>menores</u> valores, no caso, de {1,3} para 2 e para 4:

$$dist = (0,4,0,\mathbf{8})$$

As distâncias apontam 4 para inserção. Há agora duas possibilidades: ou inserimos 4 entre 1 e 3, ou entre 3 e 1. Vamos então calcular os custos respectivos, pela expressão acima.

Então, para (1,4,3,1) teremos $9 + 5 - 16 = -2$, e para (1,3,4,1) teremos $8 + 13 - 10 = 11$.

A inserção será entre 1 e 3, portanto. Indicamos isso em **circ** colocando 4 na posição 1 e 3 na posição 4. O novo circuito (1,4,3,1) terá custo $26 - 2 = 24$.

O vetor que descreve o circuito,

$$circ = (4,0,1,3)$$

é lido como os vetores "Anterior" do algoritmo de Dijkstra (**Capítulo 3**): começamos em 1, que indica 4; agora 4 indica 3; finalmente 3 indica 1: o circuito vigente é (1,4,3,1).

Na iteração seguinte, teremos

$$dist = (0,4,0,0)$$

e iremos inserir o último vértice, cujas opções são:

- para (1,2,4,3,1): $8 + 7 - 9 = 6$.
- para (1,4,2,3,1): $11 + 5 - 5 = 11$
- para (1,4,3,2,1): $4 + 6 - 10 = 0$.

O vetor **circ** final será

$$circ = (4,1,2,3)$$

O custo final, correspondente a (1,4,3,2,1) é $24 + 0 = 24$ unidades.

Uma heurística de melhoria da solução

Neste exemplo, obtivemos a solução ótima. Ele é pequeno, então foi fácil verificar isso.

Em um problema de maior porte, essa verificação, em geral, não pode ser feita. Então se aplica ao resultado uma heurística de melhora, que corresponde a fazer trocas de arestas a partir da solução obtida, por exemplo, pela FITSP, em busca de eventuais soluções mais baratas.

Nossa solução atual é um ciclo hamiltoniano e o grafo é completo. Apontamos então k arestas $h_1, \ldots h_k$ do ciclo para serem retiradas e k arestas $a_1, \ldots, a_k$, externas ao ciclo, para substituí-las. Calculamos então a *economia* obtida, que é, para a iteração i,

$$E_i = c(a_1) + \ldots + c(a_k) - [\, c(h_1) + \ldots + c(h_k)\,].$$

Se E_i for negativa, fazemos a troca de arestas e o custo do novo ciclo H_i será

$$C(H_i) = C(H_{i-1}) + E_i.$$

Habitualmente se usa $k = 2$ ou 3 (as heurísticas chamadas **twoopt** e **threeopt** na literatura. O número de trocas pode ser o total, que é $C_{n,k} \times C_{r,k}$ (onde r, número de arestas fora do ciclo, é igual a $n(n - 3)/2$, grandeza conhecida da geometria como o número de diagonais de um polígono). Podemos ver facilmente que este número de trocas cresce muito rapidamente com k, tornando a heurística menos eficiente.

160   *Capítulo 8: Ciclos e aplicações*

Por exemplo, para $n = 10$, a **twoopt** fará um total de 45 x 595 = 26.775 trocas, enquanto a **threeopt** fará 120 x 6545 = 785.400 trocas, números aceitávais para a performance atual das máqunas.

Enquanto isso, a 4-opt exigirá 210 x 52360 = 10.995.600 trocas, e isso apenas para um grafo com 10 vértices. Podemos observar que há, em tal grafo completo, 9 ! = 362.880 permutações a verificar, então é provável que calcular todos esses valores seja mais rápido que usar a 4-opt (e mesmo a 3-opt).

Com grafos maiores, costuma-se utilizar um critério de parada (p. ex., parar quando se fizer um dado número de trocas sem melhoria).

Grafos: introdução e prática   161

Exercícios – Capítulo 8

1. No problema da pintura das faixas de estrada, os itinerários indicados pela técnica acima serão repetidos, isto é, se o serviço for pintar a faixa central, ela já estará pintada nos trechos repetidos. Mas, e as outras duas faixas ? Como ficará o restante do trabalho, se aproveitarmos para pintar uma delas ao chegar a um trecho de repetição ? E o modelo, como deverá ser adaptado a essa situação ?

2. Mostre que, se um grafo **G** não orientado for euleriano, seu conjunto de arestas poderá ser particionado em ciclos disjuntos.

3. Mostre que um grafo euleriano não possui uma ponte.

4. Explique porquê, no PCC orientado, todas as extremidades de arco adicionadas a um vértice dado serão sempre, ou saídas, ou chegadas.

5. No exemplo do ítem 8.4.2, execute o algorítmo de Dijkstra e verifique a construção da matriz de alocação, o resultado do algorítmo húngaro e os caminhos apontados pelo vetor "Anterior", acompanhando-os no grafo.

6. Costrua uma seqüência de De Bruijn B(2,3).

7. Mostre que a menor seqüência de De Bruijn (r,s) tem s^r elementos.

8. Mostre que sempre existe uma seqüência de De Bruijn (r,s), para quaisquer r,s inteiros positivos.

9. Mostre que, em todo grafo não orientado conexo, é possível fazer um percurso fechado pré-euleriano que repita no máximo uma vez qualquer aresta.

10. Construa um algorítmo para achar um ciclo euleriano em um grafo euleriano não orientado, a partir da construção progressiva de ciclos ao longo de um percurso inicial. **Dica:** utilize a noção de vértice perférico (**Capítulo 3**) para achar um percurso inicial bastante longo).

11. Explique porquê as condições suficientes expostas no capítulo não se aplicam ao grafo de Petersen. (Dica: Aproveite a simetria do grafo).

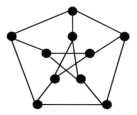

12. Levando em conta que o grafo de Petersen não é hamiltoniano, verifique se os grafos abaixo são hamiltonianos ou não-hamiltonianos, justificando a resposta. (Dica: Um deles é hamiltoniano e o outro não).

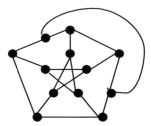 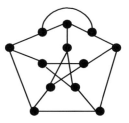

162 *Capítulo 8: Ciclos e aplicações*

13. Observe os exemplos do item 8.5.1 e apresente outros grafos que mostrem a independência entre as propriedades (H, E), (H, $\overline{E}$), ($\overline{H}$, E) e ($\overline{H}$, $\overline{E}$) de um grafo, não incluindo grafos C_n nem K_n.

14. Considere dois vértices *v* e *w* em um grafo G com *n* vértices. Mostre que, se d(*v*) + d(*w*) ≥ *n* e G possui um percurso hamiltoniano entre *v* e *w*, então G é hamiltoniano.

15. No exemplo do FITSP verifique, por enumeração direta das 6 soluções possíveis, que a solução obtida é de fato ótima. (Note que isto não é garantido: trata-se de uma heurística !)

16. Mostre que os grafos correspondentes aos 5 sólidos platônicos são hamiltonianos. Quais deles são eulerianos ?

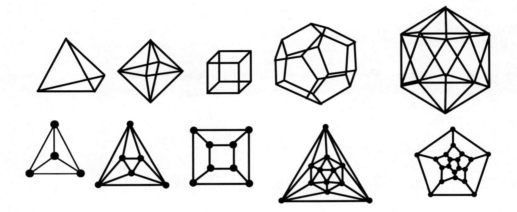

> *Quero ficar no teu corpo feito tatuagem...*
> Chico Buarque
> Tatuagem

Capítulo 9: Grafos planares

9.1 Definições e resultados simples

Um *grafo planar* é um grafo que <u>admite uma representação gráfica</u> na qual as arestas só se encontrem (possivelmente) nos vértices aos quais são incidentes. Exemplos clássicos de grafos planares são dados pelos grafos que representam os poliedros. Na figura abaixo apresentamos os 5 *sólidos platônicos*, ou *poliedros regulares*, e seus grafos: tetraedro, cubo, octaedro, dodecaedro e icosaedro. Estes grafos são, naturalmente, regulares.

Para compreender melhor como se passa de um sólido a um grafo, imagine que o sólido seja muito flexível e que você o segure de modo a esticar uma de suas faces, com suas arestas, sobre um plano. Todas as outras faces e arestas do sólido formarão um desenho no interior dessa primeira face.

Faça esta experiência mental com o tetraedro e depois procure fazê-la com os demais sólidos.

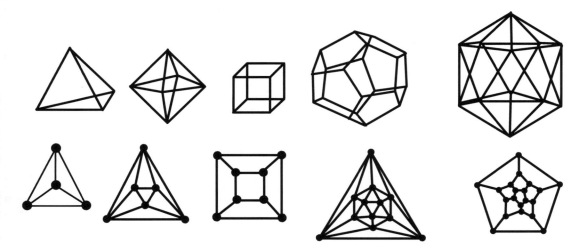

Uma pergunta que pode ser feita é se existe um grafo que não seja planar. Mostraremos que este é o caso de K_5.

164 *Capítulo 9: Grafos planares*

De fato, qualquer representação de K₅ deverá ter um ciclo de comprimento 5, que divide o plano em "interior" e "exterior". No interior desse ciclo, só conseguiremos colocar duas arestas sem que se cruzem; no exterior a situação é a mesma, logo nos sobrará uma aresta que não teremos onde colocar *(Experimente !)*.

Quantas arestas pode ter, no máximo, um grafo planar? Uma representação gráfica de um grafo com pelo menos um ciclo separa o plano em regiões, como dissemos acima (no mínimo uma dentro do ciclo e outra fora dele; no caso das árvores, que não possuem ciclos, temos uma única região: toda árvore é planar, não existe o problema de que falamos, da colocação de arestas). Essas regiões são chamadas *faces*.

Não devemos esquecer que uma das faces é tudo que "sobra" do plano - é a *face ilimitada*. O número de faces de um grafo será designado por *f*.

A figura abaixo mostra duas representações do mesmo grafo, ilustrando que qualquer face pode ser colocada como face ilimitada.

Na figura da esquerda, o ciclo (a,b,c,d,e) limita a face infinita. Já na figura da direita, é o ciclo (b,c,g).

Pense em uma prancheta com muitos furos, onde diversos pregos podem ser espetados. A figura da esquerda foi reproduzida com o auxílio de bolinhas perfuradas unidas com elásticos e espetadas em cinco desses pregos.

Então, puxamos para cima as bolinhas e espetamos b, c e g em outros pregos, de modo a formar o triângulo da figura da direita. O ciclo (a,b,c,d,e), agora, é o que fica mais abaixo na figura.

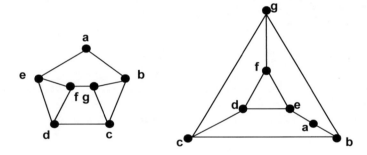

A representação gráfica de um grafo planar na qual as arestas só se encontram uma com outra nos vértices não é única. Um grafo planar sempre a possui, como dissemos, e ela se chama *forma topológica* ou *grafo plano*.

Veja, porém, que podemos representar K₄ pelo menos de duas maneiras, das quais apenas a primeira envolve um cruzamento de arestas:

 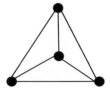

Para grafos planares, vale a relação de Euler, já conhecida do estudo dos poliedros convexos:

Teorema 9.1 (Euler): Num grafo planar conexo vale $f - m + n = 2$

Demonstração: Por indução sobre o número de arestas. Tomemos um grafo conexo qualquer. Se for uma árvore, temos $f - m + n = 1 - (n - 1) + n = 2$. Se houver um ciclo, retiramos uma aresta do ciclo, e o grafo fica com uma face a menos, mas pela hipótese de indução a relação vale para o novo grafo. Temos então

$$(f - 1) - (m - 1) + n = 2 \text{ e logo } f - m + n = 2.$$ ■

Grafos: introdução e prática

Observamos que é possível acrescentar arestas a um grafo planar sem prejudicar a planaridade, sempre que uma porção do plano estiver limitada por um ciclo de comprimento <u>maior</u> do que 3. Logo um *grafo planar maximal*, isto é, um grafo ao qual não poderemos acrescentar arestas sem comprometer a planaridade, tem uma representação composta por ciclos de comprimento 3. Isso nos dá outra relação importante:

Teorema 9.2: Num 1-grafo planar conexo G vale m ≤ 3 n - 6; a igualdade vale se G é maximal planar.

Demonstração: Se formos contar as arestas de cada face, contaremos duas vezes cada aresta do grafo. Como cada face tem <u>no mínimo</u> 3 arestas (a igualdade valendo para as triangulares), temos <u>ao menos</u> 3f / 2 arestas no grafo). Mas o grafo possui m arestas, logo

$$3f \leq 2m$$

A igualdade se verifica se todas as faces forem triangulares (grafo maximal planar).

Tomando a fórmula de Euler,

$$f - m + n = 2$$

e substituindo, temos

$$3f - 3m + 3n = 6$$
$$2m - 3m + 3n \geq 6$$
$$m \leq 3n - 6$$ ■

Este teorema nos mostra, novamente, que K_5 não é planar. De fato, K_5 (e de resto todos os grafos completos com mais do que 4 vértices) não obedece à relação acima pois neste caso teremos 10 > (3 x 5) - 6.

Um problema que costumamos propor às crianças para que se aquietem é o seguinte: temos que ligar luz, gás e telefone a três casas sem que as linhas se cruzem. Veja a figura a seguir.

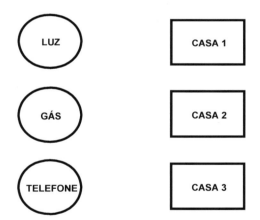

O que estamos querendo, ao procurar resolver este problema, é desenhar $K_{3,3}$ de forma planar. O problema não tem solução (não acredite se lhe disserem que ouviu dizer que "<u>alguém conhecido</u>" já o resolveu - a menos que tenha sido furando o papel !), porque o grafo $K_{3,3}$ não é planar, como veremos a seguir.

Aplicando o teorema 9.2, teremos para $K_{3,3}$, 9 < (3 x 6) – 6. Mesmo assim, $K_{3,3}$ não é planar.

Ou seja, há grafos não planares para os quais a relação m ≤ 3 n – 6 também vale: a condição é <u>necessária</u>, porém não é <u>suficiente</u>.

Em certas famílias de grafos, poderemos achar limites análogos que garantam a planaridade. Por exemplo:

Teorema 9.3: Num grafo planar bipartido conexo G vale $m \leq 2n - 4$.

Demonstração: Observamos que um grafo bipartido só tem ciclos pares. Cada face tem no mínimo 4 arestas. Portanto, aplicando o mesmo raciocínio do caso geral, teremos

$$4f \leq 2m$$

e, substituindo na fórmula de Euler, teremos

$$f - m + n = 2$$

$$4f - 4m + 4n = 8$$
$$2m - 4m + 4n \geq 8$$
$$m \leq 2n - 4 \qquad \blacksquare$$

Vemos agora que $K_{3,3}$ não é planar, pois $9 > (2 \times 6) - 4$.

Este teorema abre caminho, inclusive, para o estudo de grafos com uma *cintura* dada (tamanho do menor ciclo).

9.2 Teorema de Kuratowski

A idéia de planaridade é aparentemente topológica, mas sempre pairou a questão sobre se haveria uma caracterização combinatória dos grafos planares. A resposta foi dada através de um teorema, que apresentaremos sem demonstração. Surpreendentemente, este teorema mostra que K_5 e $K_{3,3}$ devem estar sempre presentes quando o grafo não for planar. Antes de enunciá-lo precisaremos de algumas definições.

Uma *subdivisão* do grafo G é o grafo G' que obtemos pela inserção de P_2 (caminho de comprimento 2) no lugar de uma aresta de G. Um grafo G' é dito *homeomorfo* ao grafo G se G' puder ser obtido de G por sucessivas operações de subdivisão (veja a figura a seguir).

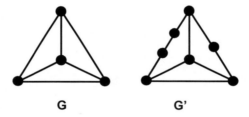

G   G'

Teorema 9.4 (Kuratowski): Um grafo é planar se e somente se não contiver subgrafo homeomorfo a K_5 ou a $K_{3,3}$.

Demonstração: Ver em [Bondy e Murty]. $\blacksquare$

Como aplicação mostramos na figura abaixo que o grafo à esquerda (grafo de Petersen), não é planar, retirando um vértice (10) e as arestas correspondentes. O subgrafo que resta é homeomorfo a $K_{3,3}$ com 3 vértices que fazem subdivisões (1,8 e 9) *(Verifique !)*.

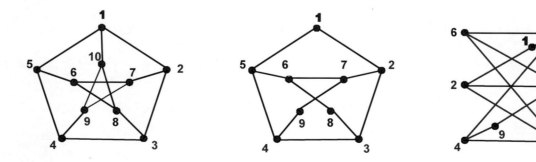

Grafos: introdução e prática 167

Observamos que, embora tenhamos tratado o exemplo graficamente, a verificação <u>direta</u> das condições do teorema pode ser feita de forma computacional (polinomial, porém de complexidade elevada). Há, porém, algoritmos eficientes para <u>construção</u> da forma topológica de um grafo planar; o mais rápido é O(n).

Vale a pena acrescentar que o desenho eficiente de esquemas de grafos – planares ou não - é um ramo particular da teoria.

9.3 Dualidade

O *dual* G^D de um grafo simples planar G é o grafo construído da seguinte maneira:

(i) A cada face de G associamos um vértice em G^D;

(ii) A cada aresta de G (que separa duas faces) associamos uma aresta em G^D ligando os vértices correspondentes às faces.

Veja a figura abaixo e verifique a construção.

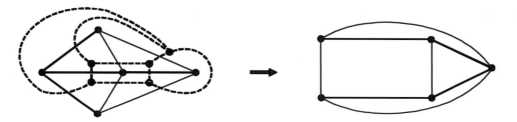

Um bom exemplo são os sólidos platônicos, apresentados no início do capítulo.

Podemos verificar que o cubo é o dual do octaedro (e vice-versa), o icosaedro é o dual do dodecaedro (e vice-versa) e o tetraedro é o dual dele mesmo (*autodual*). Esses duais correspondem aos duais da geometria clássica.

A figura abaixo mostra a correspondência entre as faces do cubo e os vértices do octaedro.

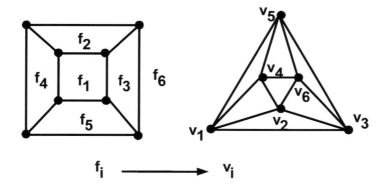

Verifica-se com facilidade que o dual do dual de G é o próprio grafo G, desde que G tenha conectividade maior ou igual a 3 (***Capítulo 2***). (Para grafos de menor conectividade, o dual não é sempre único).

A dualidade aparece num dos problemas mais famosos, não só da teoria dos grafos, mas da matemática em geral.

9.4 O problema das 4 cores

Em 1852 Frederick Guthrie, aluno de Augustus de Morgan (que formulou suas famosas leis vinculadas à união e interseção de conjuntos), trouxe a este um problema proposto por seu irmão Francis Guthrie. Na verdade tratava-se de uma conjectura, hoje um teorema.

Teorema 9.5 (das 4 cores) : Todo mapa pode ser colorido com 4 cores.

Colorir um mapa é colorir as regiões de maneira que regiões fronteiriças não sejam coloridas com a mesma cor. As figuras adiante mostram que 4 cores podem ser necessárias:

Se não considerarmos a face ilimitada, o dual do grafo nos fornece o grafo completo K_4:

Usando a dualidade, podemos formular o teorema em forma de coloração de vértices.

Teorema das 4 cores – 2ª formulação: Seja G um grafo planar. Então $\chi(G) \leq 4$.

O grafo K_4 mostra que 4 cores são necessárias; mas serão suficientes? O problema ficou sem solução por um século, para ser finalmente resolvido em 1976 por Appel, Haken e Koch, com o auxílio de 1200 horas do computador mais rápido de sua época, executando mais de 10^{10} operações computacionais. Embora a teoria envolvida seja profunda, muitos consideram esta "a mais feia prova da matemática".

As tentativas anteriores são, entretanto, dignas de nota.

Kempe utilizou uma técnica (por isso chamada de *cadeias de Kempe*) e apresentou uma demonstração em 1879.

Heawood, onze anos depois, percebeu uma falha sutil na demonstração, que a invalidava.

Podemos, no entanto, utilizar as cadeias de Kempe para demonstrar um resultado um pouco mais fraco. Já utilizamos uma técnica próxima a esta para colorir as arestas dos grafos bipartidos. Começaremos por um lema.

Lema: Num grafo planar há pelo menos um vértice com grau menor ou igual a 5.

Demonstração: Já sabemos que $\Sigma_{v \in V}\, d(v) = 2\,m$. Por absurdo, suponhamos que $d(v) > 5$ para todo $v \in V$. Então a soma dos graus deve ser no mínimo $6\,n$:

$$6\,n \leq \Sigma_{v \in V}\, d(v) = 2\,m.$$

Mas num grafo planar $m \leq 3\,n - 6$, isto é $2\,m \leq 6\,n - 12$.

Ficamos com $6\,n \leq 6\,n - 12$, o que é impossível. ∎

Grafos: introdução e prática

Teorema 9.6 (das 5 cores): Num grafo planar G temos $\chi(G) \leq 5$.

Demonstração: Em todo grafo planar existe um vértice com grau menor ou igual a 5. Podemos decompor o grafo, retirando sempre um vértice de grau menor que 5 e recompô-lo colorindo, vértice a vértice. Desta forma, podemos sempre supor que estamos colorindo um vértice *v* de grau menor ou igual a 5. Se os vértices em N(*v*) estiverem coloridos com menos do que 5 cores, basta colorir o vértice *v*. Podemos então supor que o vértice esteja cercado por 5 vértices coloridos cada um com uma cor do conjunto {**a, b, c, d, e**}.

Consideremos o subgrafo induzido pelos vértices coloridos com as cores **a** e **c**. Se a componente que contém o vértice de N(*v*) colorido com **a** não contiver o vértice colorido com **c**, podemos trocar as cores desta componente: quem está colorido com **a** fica colorido com **c** e vice versa. Isso não altera a propriedade da coloração. Podemos então colorir o vértice *v* com a cor **a**.

Se a componente que contém o vértice de N(*v*) colorido com **a** for a mesma do vértice colorido com **c**, existe um caminho de vértices que "cerca" o vértice **b**. Então, tomamos a componente do grafo induzido por vértices coloridos com **b** e **d**, que contém o vértice de N(*v*) colorido com **b**. Depois de trocar as cores **b** e **d** nesta componente, podemos colorir o vértice *v* com a cor **b**. ∎

Acompanhe a demonstração na figura abaixo.

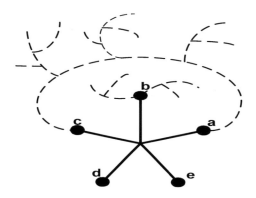

Exercícios – Capítulo 9

1. Construa um grafo com a sequência de graus (4, 4, 3, 3, 3, 3):

    a) que seja planar;

    b) que seja não-planar.

2. Mostre que um grafo planar com $\Delta = 5$ tem no mínimo 12 vértices. Dê um exemplo de grafo com $\Delta = 5$ e $n = 12$.

3. Um grafo é *autodual* se G^D é isomorfo a G.

    a) Mostre que se G é autodual então $2n = m + 2$.

    b) Mostre que os *grafos roda* R_n (veja o **Capítulo 6, Exercício 8**) são auto-duais.

4. Mostre que um grafo planar G é bipartido se e só se G^D é euleriano. **(veja o Capítulo 8)**.

5. Mostre que um grafo planar conexo pode ter sua faces coloridas com 2 cores se e só se G é euleriano **(veja o Capítulo 8)**.

6. Mostre que os grafos abaixo são isomorfos mas seus duais não o são. Este fato contraria o texto do capítulo?

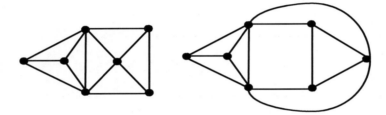

7. A *cintura* de um grafo, notação g(G) é o comprimento do seu menor ciclo. Mostre que num grafo planar temos:

$$m \leq [(n - 2)\,g]/(g - 2)$$

Sugestão: adapte as demonstrações dos **Teoremas 9.2** e **9.3**.

8. Mostre que é possível obter um grafo planar a partir do grafo de Petersen pela retirada de 2 arestas.

9. Mostre que um grafo não planar tem 5 vértices de grau no mínimo 4 ou tem 6 vértices de grau no mínimo 3.

10.   a) (Resolvido) Mostre que o grafo não planar $K_{3,3}$ pode ser desenhado sem cruzamentos num toro (ver figura abaixo). E numa esfera, isso é possível?

    Solução de (a):

    A seqüência apresentada na figura a seguir mostra como podemos "recortar" o toro para transformá-lo num retângulo. As setas mostram como podemos passar as arestas pelos cortes.

    b) Mostre como podemos desenhar K_5 num toro. O teorema das 4 cores vale para o toro?

    c) Mostre como podemos desenhar K_7 num toro.

    d) Você consegue dividir o toro em 7 regiões de maneira que cada uma faça fronteira com todas as outras 6? Esta pergunta equivale a quê, em termos de grafos?

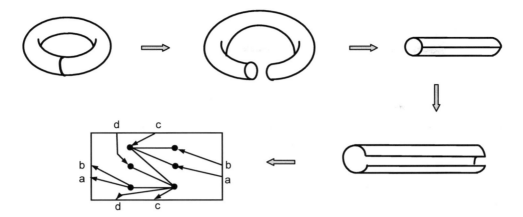

11. Um jogo tem as seguintes regras: Dois jogadores escolhem alternadamente uma região para colorir. Duas regiões vizinhas não podem receber a mesma cor. Quem for obrigado a usar uma quinta cor será o perdedor.

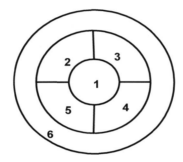

a. Quem será o vencedor: o primeiro ou o segundo jogador?
b. Como modificar o tabuleiro para que a vantagem seja invertida?

12. Exiba uma coloração dos mapas adiante com o menor número de cores possível.

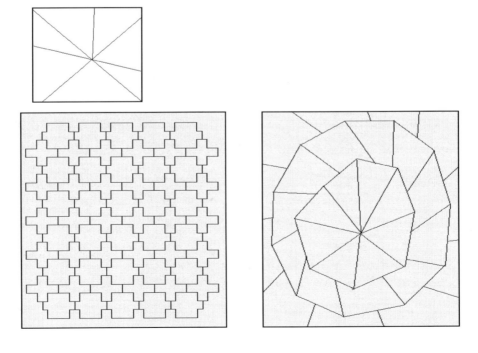

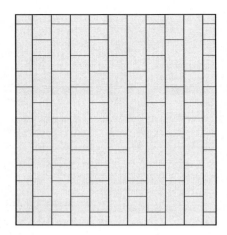
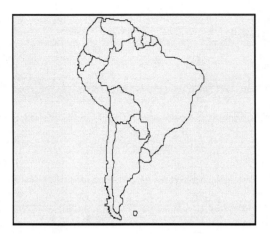

13. Seja o conjunto A = {a, b, c, d}. Construa um grafo em que os vértices são as permutações dos elementos de A. Dois vértices serão adjacentes nesse grafo, quando as duas permutações correspondentes diferirem uma da outra por uma única *inversão* (ou seja, a troca de lugar de dois elementos vizinhos). Exemplo: (a, b,c, d) está ligado a (a, b, d, c).

Exiba uma representação planar desse grafo.

A qual poliedro (composto) este grafo corresponde?

14. a) Seja G um grafo maximal planar com n > 4.

Mostre que os vértices de grau 3 (se existirem) formam um subconjunto independente dos vértices de G.

b) Seja G um grafo maximal planar com 5 vértices. Quantas faces (triangulares) tem G?

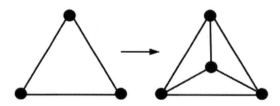

c) Seja G como no ítem (b) acima. Produzimos um grafo G' incluindo um vértice de grau 3 em cada face triangular, como sugere a figura abaixo.

    i.   Quantos vértices tem G'?

    ii.   Quantos vértices de grau 3 tem G'?

    iii.   Mostre que G' não é hamiltoniano.

d) Adapte a construção acima e construa um grafo planar maximal sem vértices de grau 3.

Grafos: introdução e prática

Referências

Estas Referências estão divididas em três partes:

A primeira cita livros dedicados à teoria dos grafos e a assuntos relacionados com as discussões apresentadas na obra.

A segunda é dedicada a referências mais avançadas, destinadas aos leitores que desejarem maior aprofundamento.

E a terceira é composta de referências da Internet, com a indicação dos temas aos quais elas se referem.

Primeira parte

Arenales, M.; Armentano, V.A.; Morabito, R; Yanasse, H.H. *Pesquisa Operacional*, São Paulo, Elsevier-Campus, 2007.

Balakrishnan, V.K., *Theory and problems of graph theory*, Schaum's Outline Series, New York, McGraw-Hill, 1997.

Boaventura-Netto, P.O. *Grafos: Teoria, Modelos, Algorítmos*, São Paulo, Blucher, 5ª edição, 2012..

Campello, R.E; Maculan, N. *Algoritmos e heurísticas*, Niterói, EDUFF,1994.

Colin, E.C., *Pesquisa Operacional,* Rio de Janeiro, LTC, 2007.

Hillier, F.S. *Introdução à Pesquisa Operacional*. AMGH, 2013.

Lipschutz, S.; Lipson, M. *Matemática Discreta*, 2ª. ed., Porto Alegre, Bookman, 2004.

Scheinermann, E. R.; *Matemática Discreta*, São Paulo, Thomson, 2003.

Szwarcfiter, J.L.; Markenzon, L., *Estruturas de dados e algoritmos*, Rio de Janeiro, LTC, 1994.

Segunda parte

Behzad, M.; Chartrand, G.; Lesniak-Foster, L.. *Graphs and digraphs*, Belmont, Wadsworth, 1979.

Biggs, N.L..; Lloyd, E.K.;. Wilson, R.J. *Graph theory 1736-1936*, Oxford, Clarendon Press, 1986.

Bondy, J.A. e Murty, U.S.R., *Graph Theory with applications*, New York, Macmillan, 1978.

Diestel, R., *Graph theory*, Berlin, Springer-Verlag, 4ª ed., 2010.

Gondran, M. e Minoux, M., *Graphes et algorithmes*, 2e éd., Paris, Eyrolles, 1985.

Harary, F. *Graph theory,* Reading, Addison-Wesley, 1972.

West, D.B., *Introduction to graph theory*, Boston, Prentice-Hall, 1996.

Wilson, R.J. e Watkins, J.J., *Graphs: an introductory approach*, New York, John Wiley 1990.

Terceira parte

A figura que representa a antiga cidade de Königsberg está em

http://www-gap.dcs.st-and.ac.uk/~history/HistTopics/Topology_in_mathematics.html .(acesso em 02/02/2009)..

Os exemplos de aplicações em biologia molecular (págs. 43-44 e 67-68) são de

http://dimacs.rutgers.edu/dci/2006/ (acesso em 01/09/06).

Grafos: introdução e prática 175

Indice remissivo

Neste índice não foram incluídas as noções básicas de grafo, vértice, arco e aresta, a não ser quando qualificadas por alguma propriedade.

O uso do singular e do plural está vinculado ao significado das noções apresentadas.

1-grafo	13,20,26,165
2-grafo	13,146
Acoplamento	93,94,95,104,105,112-115
---, em grafos bipartidos	94
---, maximal	93,104
---, máximo	93,94,104
---, perfeito	93,94,95,104,114
Algoritmo	13-16,21,29
---, de Bellmann-Ford	44-46,60,134
---, de Dijkstra	40,44,47,48,60,61,79,145,159-161
---, de Fleury	145,150,151
---, de Floyd	48,52,60,62,79
---, de Ford e Fulkerson	129,137
---, de Kruskal	73,77,78,82,157
---, de Malgrange	30,37
---, de Prim	72,76,83
---, guloso	75,77,78,88,91,108
---, húngaro	95,96,145,149-151,161
Algoritmos, para caminhos mínimos	40,43,48,50,79
---, polinomiais	79,91,112,152,167
Alocação, linear	77,95,96,99,139
---, máxima	99
Antecessor	22-24,42,43,69,70,71
Antirraiz	123
Arborescência	43,60,61,65,68-70,71,81,83
---, binária	69
---, parcial, de custo mínimo	81
Arco, de retorno	124,125,137
---, de valor negativo	43,44,135
---, saturado	125,128,129,131,136
---s, simétricos	20,122,149
Árvore	46,65-69,71-78,80,82-85,119,158,165
---, abrangente	72,82
---, binária	69
---, de decisão	66
---, parcial, de custo mínimo (APCM)	73,75,77,78,80
Ascendente	24,31
Atingibilidade	24,28
Atividade	54-59,63,64
---, crítica	54,59
---, fantasma	55
---s, nos arcos	55,63
---s, nos vértices	55,63
Cadeia	3,17,20,23,27,28,45,46,93,94,104,114,169
---, (M)-aumentante	93,94,104
---, de Markov	20
---s, de Kempe	169
Caminho	23,24,28-30,35,37,39,40,42-51,53-64,71,79,82,94,126-139,141,146-148,151,152,162,167,170
---, busca de	130,131
---, crítico	53-59,63
---, de menor custo	39,40,46,134,136,138
---, mínimo, a partir de um vértice dado	40-42,48
---, entre dois vértices dados	40
---, problemas de	39,40,53

---s, internamente disjuntos	33,141
Capacidade	64,99,100,121-136,138-142
Ciclo	24,36,59,65,68,72-76,78,82,85,87,94,100,101,110, 116-118,144-147,149,152-160,162,165-167,171
Ciclo, euleriano	144,146
---, hamiltoniano	152,157,158,160
---, ímpar	36
---s, disjuntos	162
Cintura, de um grafo	167,171
Circuito	24,36,45,46,48,54,102,136,167,169,171,158,159,160
---, de valor negativo	45,48
---, euleriano	167,169
---, hamiltoniano	153-155,157,160
---s elétricos, problema dos	3,10,12,17
Clique	26,36,88
---, máxima	88
Cobertura, de arestas	113-115
---, de vértices	108,117,118
Coloração, de arestas	112-115
---, de mapas	4,172
---, de vértices	108-112,116-118,169,170
---, equilibrada	118,119
---, t-múltipla	117
CPM	54,56
Complexidade	47,48,51,52,77-80,90,91,93,149,153,157,168
---, exponencial	46,51,52,79,80,90,91,149,151,153,157
Componente, conexa	29,31,32,74,75,145
---s, f-conexas	29,30,32
---s, determinação das	29
Condições, suficientes, para grafos hamiltonianos	155,162
Conectividade	32,33,37,141,168
Conexidade	19,24,27-30,37,72
---, em grafos orientados	27,28
---, f-	30
---, s-	29
---, sf-	29
---, tipos de	28,37
Conjunto	11,12,14,17
---, de sinais de trânsito	112,117
---, dominante	90-93,95,104-106
---, ---, minimal	91
---, ---, mínimo	91,92,104
---, independente	26,79,87-90,92,93,106,108-110,112-114,153,156, 157
---, maximal	87,89,92,106
---, máximo	87-89,93
---, partes de	64,79
Corte	126-128,130-133,140,171
---, capacidade de um	127,128,130,132,139
---, de capacidade mínima	128,130,140
---, oposto	127,132
Critério, de parada	161
Cubo	164,168
Descendente	24,31
Desvio, lógico	15
Diagonais, de um polígono	160
Diâmetro	53,80,81
Diferença, simétrica	94
Distância	7,39-44,48,51-53,60-63,80,84,134,146,150,151,159, 160
Divisão	14-16,64,83,112,114
DNA	4,45,70,150
Dodecaedro	154,164,168

Grafos: introdução e prática

Dualidade e dual, em grafos planares	33,168,169,171
Esquema	2,3,5,7,8,10,12,13,18,32,40,61,66,69,73,75,84, 139,150,151,153,168
Estratégia	48,109,158,159
Evento	54
Face, de um grafo planar	164-169,171
Face, ilimitada	165,169
Fecho, hamiltoniano	155,156
---, transitivo	24,27,29,30
FITSP	159,160,163
Fluxo	44,120-142
Fluxo, (θ)	122
---, limites de quantidade	124
---, máximo	121,125,127,128,130,132,134,137,139-142
---, com custo	133,137,140
---, modelo de	120,122,124
---, multiplicativo (k-)	122
---, não-linear	122
---, condicional	122
---s, conservativos	122,125
---s, elementares	123,124,131
---s, lineares	122,124,125
Folga	54,55,59,63,126,128-137
---, inversa	129,130,132,133
Forma, topológica	165,167,168
Fórmulas químicas, problema	10,12
"Gargalo" de um grafo com fluxo	128
Grafo, θ	153
---, 1-	13,20,26,166
---, 2-	13,147
---, (k-),regular	23,37,94,154
---, 1-conexo	33
---, 2-conexo	33,153
---, 3-conexo	33
---, antirregular	37
---, autocomplementar	82
---, autodual	168,171
---, bipartido	26,36,82,87,94,95,100,110,113,114,119,140,167,169, 171
---, bipartido, completo	26,82,100
---, com fluxo	121,123,127,129,135
---, complementar	21,26,36, 88
---, completo	21,26,153,155,157,159-161,166,169
---, conexo	27-29,33,65,68,72,74,82,91,92,109,144-146,148,153, 162,165,167, 171
---, de aumento de fluxo	128,135
---, de incompatibilidade	112
---, de Petersen	104,117,118,141,154,162,167,171
---, dual	168,169
---, estrela	88,91,92,117
---, euleriano	144,146,162,163,171
---, f-conexo	28,29,32,37,124
---, hamiltoniano	153,154,155,156,162,163
---, h-conexo	33,141
---, não conexo (desconexo)	27, 28,29,33,73
---, não hamiltoniano	156,162
---, não orientado	12,18-24,26,27,32,35,43,80,105,144-146,148-151, 155,159,162
---, não planar	166,171
---, ordem de um	21,82,90,93,117,153,157
---, orientado	12,13,18-24,,26-30,32,35-37,40,43,53,55,62,79,91, 105-107,123,147-149,151,152,159
---, p-	13,18,20,144,145,152

---, p-, orientado	13,151
---, planar	164-171
---, planar, maximal	165
---, plano	165
---, pseudossimétrico	148,152
---, reduzido	29,32,37
---, representação de um	2,12,13,16,17,20,22,164-166
---, roda	117,141,171
---, rotulado, nos vértices	17
---, sem circuito	46
---, s-conexo	28,29
---, sf-conexo	28,29,37
---, simétrico	21,26,148
---, suporte	72,73,80
---, tamanho	21
---, unicamente colorível	117
---, unicursal	146
---, valorado	19,46,53,54,57,76,77,94,95,120,146,157
Grafos, homeomorfos	167
---s, isomorfos	18,25,111,153,171
---s, não isomorfos	36,37
Grau	23,32,36,37,80,83,91,94,109,144-146,148-151,153, 155,156,169-171
---, máximo	23,91
---, mínimo	23,32
Heurísticas	52,79,109,157-160,163
Icosaedro	164,168
Independência	87-89,91,104,117,156,163
Indice, cromático	113,116,118
Interligação	4,65,71,72,74,76,78,80-82
---, a custo mínimo	78
Irregularidade	148,152
Isomorfismo, de grafos	25,117
Laço	20,21,26,145,149
Lei, de conservação	124,125,139
Ligações	3,7,10,17-19,21-23,26,65,71,72,80,84,87,120,122,125, 148,152
---, paralelas	18,125
Lista, de adjacência	18,19,30,34-36,109
Mão, de rua	5,27,29,39,53,55,122,139,148,149,151,162
Matemática	4,10,11,13,14,16,69,71,111,129,144,168,169
---, discreta	13,14
Matriz, de adjacência	19,20,25-27,34,35,92,125
---, de incidência	20, 34,35,89,95,125
---, de roteamento	48,49,51
---, de valores	19,48,51,158
---, simétrica	20
Método, de riscagem	97,98
Modelo	1-4,6-13,17,18,20,21,29,45,52,54,55,63,64,68,71,72, 81,83,90,92,99,100,114,117,120-126,129,134,141, 145,148,151,162
---, construção do	7,8,11
---, de grafo	1-3,71,81,114,134
---, resolver um	8,13
---s, de temas sociais	20
---s, probabilísticos	20
Momento, mais cedo	56,57,59
---, mais tarde	56,58
Multifluxo	122
Número, cromático	108,116-118
---, de acoplamento	93,105
---, de clique	88
---, de dominação	90,92,104

Grafos: introdução e prática

---, de independência	88,89,104,117,156
---, primo	16
---, triangular	83
Octaedro	164,168
Ordem, lexicográfica	20,34,74,131,134
---, de arestas, por valor	74
Paciência, húngara	83
Partição, de conjuntos	80,94,112,114
---, de um inteiro	83
Passeios, por duplas, organização	115
Percurso	2,23,24,27,33,36,39,40,43,62,65,68,82,93,122, 144-149,151-156,158,162,163
---, elementar	24,36
---, euleriano	144,146,147,152
Percurso, hamiltoniano	152,155,158,163
---, aberto	153
---, pré-euleriano	145,146,162
---, pré-hamiltoniano	158
---, simples	23,36
---s, abrangentes	152,153
---s, internamente disjuntos	33
Períodos, de sinais de trânsito	112,117
Permutações	79,96,153,157
PERT	54
Pesquisa, operacional	4
Poliedros, regulares	164
Ponte	2,3,10,12,13,27,33,68,144,145,162
Problema, da APCM, de graus limitados	80
---, da árvore parcial, de custo mínimo (APCM)	73,75,77,78,80
---, de comunicação ótima	80
---, da travessia	64
---, das 4 cores	114,169,171
---, das 5 damas (8 damas)	106
---, das pontes de Konigsberg	2,10
---, de alocação linear	77,95,96,99,140
---, de Cayley	3
---, de Euler	2
---, de Guthrie	4
---, de Kirchhoff	3
---, de Steiner	80
---, do Caixeiro-Viajante	157-159
---, do Carteiro Chinês	145,146
---, do fluxo máximo	125-128,130,132
---, dos 8 litros	64
---, dos exames	111,114
---, genaralizado, da árvore mínima	80
---, pré-euleriano em grafos mistos	149
---s, associados ao problema de fluxo com custo	137
---s, combinatórios	10,79
---s, de caminho máximo	53
---s, de interligação	65,72,80
---s, eulerianos, em grafos não orientados	144
---s, eulerianos, em grafos orientados	147
---s, hamiltonianos	79,152
Programação, inteira	55,99,104-106,125,126
Raio	53
Raiz, de um grafo	68,69,79,123
Rede,	29,63,65,71,72,80,83,84,134,137
---, de abastecimento de água	80
---, de distribuição	71
---, de ruas	29
---, de transportes	134
---, elétrica	65,83

Relação, de Euler	165
---, não simétrica	12
Relação, simétrica	12
Relacionamento de alunos, problema do	12
Relações, de adjacência	18-20,22.25,32,55
Restrições, de canalização	125
Retângulo	171
Roda	117,141,171
Rótulos	17-19,25,27,124
Semigraus	23,149
Sequência	13,34,54,64,70,73,76,91,117,129,130,147,156,159, 166,171
---, de De Bruijn	149,150,162
---s, de graus	23,37,135,171
---s, ordenadas, de graus	23
Sociograma	7-10,26
Sólidos, platônicos	105,163,164,168
Soluções, subótimas	79
Subdivisão, de um grafo	167
Subgrafo	21,29,88,146,167
---, abrangente	21,22
---, induzido	22,26,32,170
---s, isomorfos	111
---s, homeomorfos	167
Sucessores	22-24,44,47,69,79
Tabela, de precedências	54,55,63
Teorema	33,68,75,78,91, 94,109,110,113,114,127,128,130, 141,144-146,148,150,151,153-156,165-171
---, das 4 cores	114,169,171
---, das 5 cores,	170
---, de Bondy e Chvátal	156
---, de Brooks	108
---, de Dirac	155,156
---, de Ford e Fulkerson	127,128,130
---, de Hall	94
---, de Kuratowski	167
---, de Ore	156
---, max flow-min cut	128
---s, de Euler	144,148,150,151,165-167
---s, de Vizing	113
Tetraedro	164,168
Toro	171
Tráfego, urbano	121-123,127,139
Transitividade	24
Valor, de uma decisão	16,19,20,31,41,43-45,47-53,55,567,58,60,63, 66,67,71-77,79-82,88,90,95,96,98,100,102,104,108, 116,119,121-124,127-129,136,139,140,157,158, 165-168,171
---, esperado	67
Valoração	54,57,80,94,119,133,134,135,140
Vértice, atingível	24,30
---, fonte (sumidouro)	122,124,126,136,139,141
---, fictícios	139